天津市教育科学"十三五"规划课题

课题类别:重点课题

课题批准编号:CE1125

天津市技术技能人才培养体系构建研究

谭金生　刘澎　著

天津社会科学院出版社

图书在版编目(CIP)数据

天津市技术技能人才培养体系构建研究 / 谭金生，
刘澎著. -- 天津：天津社会科学院出版社，2021.5
ISBN 978-7-5563-0727-2

Ⅰ.①天… Ⅱ.①谭… ②刘… Ⅲ.①技术人才-人
才培养-研究-天津 Ⅳ.①G316

中国版本图书馆 CIP 数据核字(2021)第 082477 号

天津市技术技能人才培养体系构建研究
TIANJINSHI JISHU JINENG RENCAI PEIYANG TIXI GOUJIAN YANJIU

出版发行：天津社会科学院出版社
地　　址：天津市南开区迎水道 7 号
邮　　编：300191
电话/传真：(022)23360165(总编室)
　　　　　(022)23075303(发行科)
网　　址：www.tass-tj.org.cn
印　　刷：天津午阳印刷股份有限公司

开　　本：787×1092 毫米　1/16
印　　张：11
字　　数：240 千字
版　　次：2021 年 5 月第 1 版　2021 年 5 月第 1 次印刷
定　　价：68.00 元

目　　录

第一章　绪论

　　我国工业化进程已经进入了全球化、信息化时代。在新经济时代的历史背景下,我国提出了转方式、调结构的经济发展方向,坚持走有中国特色的工业化、信息化和现代化的发展道路。同时在教育全球化的时代背景下,"互联网＋"势必将对我国教育的发展产生重要影响[1]。工程技术变革所需高素质技术技能人才就是复合型和创新型人才,不仅需要掌握横跨具体专业领域的学科知识,而且还要具备一定的技术创新能力。为此,构建从中专、中技到高职,再到技术应用型本科,直至专业学位的培养体系,需要把各层次间的教育在人才培养方面的优势整合起来,充分发挥其整体效应。

一、技术技能成为经济社会发展的核心概念

　　自20世纪60年代以来,人力资本理论成为促进世界各国对教育发展进行投资的重要理论依据。传统的人力资本理论将人力资本简化为所受教育的基本表征——受教育年限。但自从20世纪末21世纪初以来,在经济全球化及知识经济的推动下,随着世界各国教育普及程度的不断提高,人们日益发现,仅仅增加受教育年限不能直接带来更好的经济发展结果。在这一背景下,新人力资本理论开始关注人力资本的内核——技术技能。相关研究发现,"技术技能"作为一个动态变化的概念,既能反映学校教育的时长,也能反映学校教育的质量和结果,而且能够很好地表现个体一生之中人力资本不断消减和增长的过程。[2]因此,技术技能能够综合反映个体所积累的人力资本总和。

　　20世纪末21世纪初,在知识经济发展的推动下,世界各国的经济、政治和社会发展与支持创新、科技发展、创业、劳动力技术技能开发以及信息通信技术的发展等各项政策紧密结合起来,技术技能成为知识经济社会中的宝贵资源,并成为国家经济竞争的战略资产。在这一背景下,技术技能成为经济社会发展的核心概念。经济学家把技术技能定义为个体的人力资本,其主要通过个体获得的学历和教育年限来间接衡量。社会学家特别是政治学家主要关注技术技能获得的制度框架及其在不同时间和背景下的区别。心理学家则把技术技能看作个体的学习过程。[3]在这一背景下,如何有效培训公民的技术技能,构建有效的技术技能形成体系,成为国际教育发展的重要关注点。国际社会对于

技术技能人才在经济社会发展中的作用进行了深刻探讨,形成了如下共识。

(一)技术技能是增强国家竞争力的核心要素[4]

相关研究普遍从人力资本理论的角度出发,把技术技能作为经济发展的关键因素。如有研究认为,作为人力资本的核心载体,对个体而言,只有掌握劳动力市场所需要的技术技能,才能获得就业、保证收入和维持生活;对社会而言,只有具备与劳动力市场需求相吻合的技术技能类型和水平的组合,才能保证就业、促进经济增长和维持社会稳定。一个经济体在一个特定时期可以获得的所有技术技能的总和构成了一个国家的人力资本,不同层次技术技能拥有者在从业人口中的分布状况就成为一个国家劳动力整体的技术技能构成形态,也就是人力资源结构。还有研究指出,从很大程度来说,技术技能开发将决定公民个体及他们所在社区、社会及国家能否实现可持续发展。国家只有加强对公民技术技能开发的投资,才能确保从巨大的人力资源潜能中获益。OECD(经济合作与发展组织)的相关研究认为,科学和知识是生产力,技术和技术技能同样是生产力,任何科学和知识都只有通过处于生产力第一线、直接为社会提供产品和服务的职业劳动者之手,才能转化为现实的生产力。正因为如此,欧盟把技术技能称为经济发展的金钥匙(golden key),OECD(经济合作与发展组织)把技术技能称为21世纪的通行证,各国和地区技术技能人才培养培训的核心目标就是通过开发全体公民的技术技能实现国家经济的繁荣。[1]

(二)技术技能是减轻青年人失业率的重要途径

日益严重的失业问题是全球面临的最大挑战,促进就业是世界各国发展的核心议题。近年来,在经济危机及整体经济增速下降的影响下,青年失业成为世界各国面临的重要社会问题。但是,根据相关研究的显示,很多青年失业问题是由青年缺乏劳动力市场需要的适切技术技能引起的。OECD(经济合作与发展组织)开展的调查显示,技术技能缺乏会增加失业的风险。例如,在参与成年人技术技能调查的国家中,相比而言,对于没有接受过高中阶段教育但具有中等技术技能水平的成年人来说,其失业率为5.8%;对于拥有同等教育水平但技术技能水平较低的成年人来说,其失业率为8.0%。同样,在拥有高等教育背景的成年人中,技术技能水平较低人口的失业率为3.9%;相比之下,那些技术技能水平很高人口的失业率为2.5%。[2]在德国、奥地利、丹麦和荷兰等具有需求驱动和典型双元制职业教育与培训体系以及工作本位学习比例较高的国家,青年人就业率普遍较高,人口与技术技能供需匹配度也较高。因此,相关研究强调,教育与技术技能开发虽然不是解决青年失业问题的唯一办法——因为其还需要支持投资和就业创造的其他政策,但却是非常重要的一部分,如果相当多的青年人缺乏工作所需的技术技能,创造更多的就业机会也不能解决问题。国际劳工组织(ILO)相关研究认为,技术技能发展可以成为减少贫困与排斥现象同时加强竞争力和就业能力的一个重要工具。富有成效的技术技能开发政策需要成为国家发展政策的有机组成部分,以便使劳动力和企业为迎接新的机遇做好准备并采取前瞻性的方法应对变革。[3]

(三)技术技能是实现经济和产业创新的关键路径

创新性、高质量和高科技是未来行业产业发展的根本特征和趋势。[5]未来一段时期,世界将进入科技创新异常活跃期,这一时期创新的一个重要特点是,创新将更多集中在健康技术、ICT 技术、生物技术、新能源技术等技术群,并较快进入商业化阶段。之前,人们普遍把研发(Research and Development)作为创新的基本途径,但从国际范围来看,创新正在从以研发为主要模式的创新走向更加关注其他的创新源泉,包括员工的技术技能水平、工作组织间的交流以及个体和组织的学习与培训等。在这些因素中,劳动者的技术技能在创新过程中发挥的突出作用受到了普遍重视,其主要原因在于:首先,创新的主要形式是渐进性的,这需要突出广大劳动者在技术和组织变化的产生、适应和传播等方面的核心作用;其次,一个企业劳动者参与创新的范围和程度很大程度上是由企业的特定工作组织实践决定的。具体来说,劳动者的技术技能在创新中的作用体现在促进和适应技术变革上,即通过运用现有的知识和技术技能不断改进生产和服务过程,促进创新的实现。从长远来说,技术技能驱动的创新还可以增强生产的附加价值,激发高层次技术技能的聚集,塑造未来的劳动力市场。因此,技术技能开发和培训可以显著提升经济发展和生产过程的创新能力。2015 年,英国就业和技术技能委员会(UK Commission for Employment and Skills, UKCES)专门发布题为"为了制造业创新的技术技能"报告,强调英国未来的创新体系要积极使企业,特别是制造业部门积极加入技术技能创新的设计和实施中来,以实现英国创新价值的最大化。

(四)技术技能是实现社会包容和谐的重要驱动器

有研究者提出,个体的技术技能水平不仅与收入和就业相关,而且也和许多其他的社会结果相关。人际信任水平、参与志愿服务活动以及个人能够对政治进程产生影响的信念也都与受教育程度和技术技能水平密切相关。因此,低技术技能占比较大的人群同时面临社会凝聚力降低和幸福感恶化的风险。当许多人都不能分享高技术技能人群在医疗、就业和安全方面的收益时,社会发展的长期成本就会被累积而越发变得势不可挡。因此,改善人口的总体技术技能水平是社会进步所需。从成人技术技能调查的数据分析中可见,当拥有各种技术技能水平的人们从接受更为广泛的教育中收益时,社会包容性也同样会受益。在一个国家中,比例较小的低技术技能成年人群与比例较大高技术技能成年人群,即在其技术技能分配方面拥有更高包容性的国家比那些拥有相似的技术技能水平但在整个人口的技术技能熟练程度方面差异更大的国家,在经济产出(人均国内生产总值)和社会公平性(基尼系数)方面,相比较起来做得更好。[6]因此,包容性社会需要以公平的方式促进技术技能的学习和获得。

二、制定综合性的技术技能人才培养培训政策是 21 世纪国际教育发展的重要趋势

进入 21 世纪以来,在经济全球化和知识经济发展的背景下,技术技能人才培养培训逐渐成为各国教育改革发展的核心领域。[7]特别是 2007 年以来,世界经济发展经历了自 20 世纪 30 年代以来最严重的危机。经济危机对全球经济和劳动力市场产生了巨大冲击,世界各国开始思考实现经济社会长期可持续发展的战略。在这一背景下,加强人力资本投资,通过教育与培训培养劳动力市场需要的技术技能型人才,已经成为国际社会的共识。近年来,包括发达国家和发展中国家在内的全球主要经济体和重要国际组织纷纷从提高全民技术技能水平的角度,制定技术技能人才培养培训战略和政策,并把其作为经济社会发展的根本战略。

以英国、澳大利亚等为代表的发达国家和包括发展中国家在内的全球主要经济体纷纷从提高全民技术技能水平的角度,制定技术技能开发战略和政策,并把其作为经济社会发展的根本战略。根据 UNESCO(联合国教科文组织)对青年人口众多的 46 个中低收入国家的分析,有一半曾经或正在制定一些侧重于技术技能培训的政策文件——要么是职业技术教育与培训战略,要么是更广泛的技术技能培训战略。除了各主要经济体外,相关国际组织也纷纷发布报告,引导各国制定国家技术技能战略。2008 年,国际劳工组织召开的"国际劳工大会"通过《关于有利于提高生产率,推动就业增长和发展的技术技能的结论》,报告提出,富有成效的技术技能开发政策需要成为国家发展政策的有机组成部分。2011 年,世界银行发布题为《提升技术技能:实现更多就业机会和更高生产力》的报告,该报告提出,技术技能是改善个体就业结果及增强国家生产力的核心要素,这对于目前以追求持续快速增长为特征的发展中和新兴国家来说特别重要。欧盟自 2010 年发布《欧洲 2020 战略》以来,多次发布相关报告,强调技术技能人才培养培训的重要性。2013 年发布《对教育进行重新定位:加强技术技能投资,实现更好经济社会发展成果》,

报告提出,技术技能可以促进创新和经济增长,增强生产的附加价值,激发高层次技术技能的聚集,塑造未来的劳动力市场。2015 年,欧盟议会义建议欧盟各国发布综合性的技术技能战略,提高人力资本的总体水平和创新能力,涉及以下几个重要领域:把技术技能纳入综合性的政策领域中;把职业教育与培训和就业政策衔接起来;把青年就业作为技术技能战略的关键指标,使所有人都获得关键能力和技术技能;加强工作本位学习。

2012 年,OECD(经济合作与发展组织)成员国部长级会议通过《更好的技术技能、更好的工作、更好的生活:技术技能政策的战略途径》,提出了一个整体、跨政府的技术技能战略框架,包括开发适切性技术技能、刺激技术技能供给、有效运用技术技能等三个政策杠杆,目标是帮助成员国制定有效的技术技能政策,并把其转化成就业、经济增长和更好的生活。2015 年,欧盟就业政策处发布研究报告,强调技术技能政策对于应对经济危机及保持社会模式发挥着关键作用。报告强调,技术技能、创新和服务型市场改革是提高总体因素生产力的三个关键因素。为应对人口老龄化和全球竞争,欧盟需要发布综合性的技术技能战略,提高人力资本的总体水平和创新能力,战略的基本要求是:第一,把技术技能纳入综合性的政策领域中,以开辟解决就业和社会问题的新途径。第二,把职业教育与培训和就业政策衔接。第三,要把青年就业作为技术技能战略的关键指标,把关键能力和技术技能转化成工作或其他,每个人都要学习一系列软技术技能,并把其纳入课程中。第四,要进一步加强工作本位学习在教育教学中的份额。在此基础上,OECD(经济合作与发展组织)建立了专门的技术技能中心,并于 2016 年 6 月召开各国部长技术技能峰会。会议提出,为实现 2025 年的经济社会发展目标,各国需要建立一个有效、前瞻性及政府的技术技能政策战略框架,并在此基础上建立灵活、有弹性的技术技能开发体系,以有效应对未来经济社会发展的多元性。[8] 具体要求包括:把技术技能政策置于国家政策议程的中心;启动对于技术技能的投资,实现国际经济和社会目标,即通过技术技能实现国家生产力、创新型和包容性的提升;采用全社会路径,加强所有层次和类型部门间的协调,改善对于技术技能体系的治理;促进全社会的路径,激励所有利益相关者的参与。其主要特征是在一系列广泛的部门间加强参与、合作和协作,这不仅仅涉及教育与就业部门,还有金融、税务、经济发展、创新、地区和行业发展等部门,要加强所有层次的政府,利益相关者团体,包括雇主、劳动、教育与技术技能提供者和学生间的协调、合作及参与。

总体来看,从整个国际教育发展的视野来看,技术技能人才培养培训已经成为世界各国经济社会综合发展战略的重要一部分,成为应对经济社会、人口、环境挑战,以及实现高水平、可持续发展以及促进就业和社会和谐的重要战略。尽管这些国家技术技能战略的发展基础和内容有所不同,但基本理念和方向是一致的,即充分发挥技术技能人才培养培训在促进就业、经济振兴、实现社会和谐与包容中的关键作用。

三、技术技能人才培养培训是我国经济社会发展的重要战略

作为世界上最大的发展中国家,基于我国面临的经济增速进入新常态、人口快速老龄化以及制造业处于全球价值链低端的挑战,全面提升人口的技术技能水平,解决我国的技术技能人才短缺问题,是新时代背景下我国实现产业结构调整和经济高质量发展的关键。[9]

我国于 20 世纪 90 年代提出科教兴国战略,21 世纪第一个十年提出并开始实施人才强国战略。在我国的人才强国建设战略中,技术技能人才队伍建设一直是重要组成部分。在国家人才战略的基础上,我国始终坚持大力发展职业教育的方针,强调把职业教育摆在非常突出的战略位置,国务院多次召开全国职业教育工作会议,强调发挥职业教育作为技术技能人才培养主阵地的作用。2014 年,习近平同志对职业教育做出重要指示,提出加快发展现代职业教育,努力培养数以亿计的高素质劳动者和技术技能人才。经过多年的发展,我国已经建立起世界上规模最大的职业教育体系,基本具备了大规模培养技术技能人才的能力。

然而,与国家未来经济社会的发展要求,特别是经济转型升级对于全面提高劳动力生产率的要求相比,我国技术技能人才培养政策及其实施还存在一些问题。第一,在理论和思想上,我国相关政策更为强调特定行业和职业岗位的技术技能人才,没有从人力资本内核的角度形成面向全民、终身导向的技术技能开发体系,这使我国没有形成全社会,特别是企业、个人及多元社会组织重视并积极参与技术技能人才培养的制度和文化氛围;第二,在技术技能开发的政策制定和实施上,我国面临的关键问题是现有技术技能政策制定和实施的协同性不强,关于技术技能人才培养的相关政策及其实施没有实现各部门间有效的统筹协调,特别是在教育、人社、经济、就业等部门间,各种技术技能人才培训政策缺乏联系及协调;第三,在技术技能人才培养、聘任和使用上,没有形成紧密依据经济社会发展情况进行技术技能人才需求预测的制度,没有形成技术技能人才得到普遍尊重、有效晋升的制度,这会造成技术技能人才的整体利用效率不高、劳动生产率下降等问题。技术技能人才培养培训不仅仅是教育系统的问题,其更是涉及整个国家经济社会综合发展的问题。而从我国当前的经济社会发展形势来看,未来一段时期,通过经济转型升级,全面建成小康社会,实现全面现代化是我国经济社会发展的根本目标。而通过全面开发所有人口的技术技能,把我国建成技术技能强国是实现这些目标的根本路径。[10]

四、天津市技术人才培养模式构建亟待研究

天津市作为发展较快的工业城市积极响应国家的新政策[11],《天津市国民经济和社会发展第十三个五年规划纲要》明确部署要"强化人才支撑体系""着力培养一批科技领军人才、企业家人才、高素质专业技术人才和高技术技能人才队伍"[5],并计划到 2020 年全市高科技人才总量达到 345 万人,其中技术技能劳动者总量达到 550 万人,高技术技能人才达到 71.6 万人(技师和高级技师 15.5 万人,高级工 56.1 万人),占取得国家职业资格证书人员的 28%。而根据最新的统计,到 2015 年,全市技术技能劳动者总量达到 350 万人,其中 164.4 万人取得国家职业资格证书,高技术技能人才达到 45.5 万人(技师和高级技师 9.9 万人,高级工 35.6 万人)。如何在 5 年内培养十几万的高技术技能人才是天津市亟待解决的问题。因此,面对天津城市发展的新要求和高技术技能人才需求的增加,研究高技术技能人才队伍建设问题显得尤为重要。

高技术技能人才的培养主要依托的是职业教育,天津市从"十一五"期间就开始积极探索高层次技术技能人才培养机制,并在 2008 年被确立为国家职业教育试验区,在此期间天津市投资了 15.6 亿元,用来建设发展职业教育的五大项目,即高水平示范性职业院校建设、职业教育实训基地建设、师资队伍建设、资助贫困家庭子女接受中等职业教育和社区教育建设。随着"十二五"期间改革示范区的不断发展壮大,2015 年 7 月 4 日,教育部与天津市政府签署合作协议,共建全国唯一的"国家现代职业教育改革创新发展示范区",这是"国家职业教育改革创新示范区"的升级,同时也是天津市职业教育发展的新支点。[12]新的示范区的建立为高技术技能人才培养提供了平台,但如何把国家现代职业教育改革创新示范区的政策优势转化为人力资源的优势,并为天津市的经济发展提供充足的高技术技能人才,是一项亟待研究的课题。

第二章 课题研究的目的与意义

一、研究的目的

第一,吸取并总结一些发达国家技术人才培养体系的先进经验。

第二,全面、细致地了解和掌握天津市高技术技能人才队伍建设过程中存在的问题及其原因,提出天津市高技术技能人才队伍建设改进措施。

第三,为其他地区的高技术技能人才培养提供有益的参考,并为中国尽快实现由人才大国过渡到人才强国提供相关理论支持。

二、研究的意义

(一)理论意义

人才资源已成为推动区域经济发展的原动力,对于飞速发展的天津而言,物质资本的多少固然重要,但人才资源对经济发展的贡献比物质资本和劳动力数量的增加更加重要。目前,天津市人才的优势和问题并存,因此,本研究着眼于"天津市高技术技能人才队伍建设的研究"这一重要的现实课题,从人力资本等理论出发,结合高技术技能人才的地位、作用和素质构成,将人才领域的科研成果应用到实际的人才资源开发中,以期为天津市的高技术技能人才队伍建设提供理论依据,另外也为其他省市的高技术技能人才队伍建设提供理论参考。

(二)实践意义

本研究将从一些发达国家技术人才培养体系先进经验中获得启发,从国家经济社会建设、大力发展职业教育、天津滨海新区开发开放等方面对高技术技能人才的需求出发,深入分析天津市对高素质人才的需求与高技术技能人才培养之间的差异,并找出其中的原因,进而为如何行之有效地推进天津市高技术技能人才队伍建设、开发和利用,以及如何培养高技术技能人才、激励高技术技能人才、留住高技术技能人才、引进高技术技能人才,提出切实可行的措施和方法,为服务国家职业教育发展、加快天津经济社会建设提供人力资源和智力支持,为我国今后的技术人才培养体系建设提供参考借鉴,推动我国技术技能人才培养体系更好更快且可持续发展。

第三章　文献综述

为了更好地研究我国高技术技能人才培养的有效模式,让每一个国民都能在现代学习型社会的背景下实现自由择业、自由成长、自由就业的"技能梦"和"职业梦"。需要把国内国外成功的技能人才培养经验与我国新时代具体国情和本地实际情况紧密结合起来,融会贯通,形成具有中国特色的技能人才培养体系。

首先,我们来界定一些相关的概念。

第一节　概念的界定

一、技术(Technology)

(一)技术的概念

技术(technology)一词来源于希腊文"technologia",意指"应用科学"或"实现特定目标的科学方法",是解决生产和生活中实际问题的各种物质手段和经验、技能、知识、方法等要素构成的有机整体。[13]

国外科学家对技术的解释是:"技术是为某一目的共同协作组成的各种工具和规则体系。"该定义包括五个方面的含义:第一,技术是"有目的"的;第二,技术的实现是通过"社会协作"完成的;第三,指明技术的首要表现是生产"工具",是设备,是硬件;第四,指出技术的另一重要表现形式——"规则",即生产使用的工艺、方法、制度等知识;第五,技术是成套的知识系统。

诸多经济学文献对技术的定义也各有不同:

广义的技术是指有关某种产品或生产技术的一系列知识,包括生产使用和做有用的事情所需要的所有技巧、知识和程序,以及生产所需的软硬件技术,管理与营销技术,并进一步扩展到服务领域。

狭义的技术是指存在于专利中的技术信息或以书面形式存在的、可以交流的技术知识,把技术限定在了一个较窄的范围内。

联合国世界知识产权组织(World Intellectual Property Organization,WIPO)于1977年出版的《供发展中国家使用的技术贸易手册》(Licensing Guide for Developing Countries)中,对技术的定义如下:"技术是指创造一种产品的系统知识,所采用的一种工艺或提供的一项服务,不论这种知识是否反映在一项发明、一项外观设计、一项实用新型或者一种植物新品种,或者反映在技术情报或技能中,或者反映在专家为设计、安装、开办或维修一个工厂,或管理一个工商业企业活期活动而提供的服务或协商等方面。"这个定义说明技术有三种表现形式:创造一种产品的系统知识,某种工艺,某种服务;技术可能凝结在某具体的创新产品中,可能以技术情报的形式出现;也可能是为某实体企业或个人提供的咨询服务。

广义上看,技术是经济、文化、历史、科学发展的标志。从石器、青铜器、铁器、手工工具到自动化机械、网络信息工具,每一种工具都作为技术的载体,标志着人类发展的一个历史时期。狭义上看,《辞海》中将技术定义为劳动工具和技能的综合,强调技术是人们在生产或服务过程中综合运用的经验、知识、技能和物质手段相结合的系统。

(二)技术的特点

1. 技术的知识性

技术是人类在实践中不断积累起来的一整套系统化知识,是精神的产物,包括从构思、生产到最终销售各个阶段的全部知识。技术可以以文字、语言、图表、公式、数据、配方等有形形式表现出来,也可以表现为生产经验、专门技能、观念等无形形式。

根据这一特征,技术可以分为软件(software)技术和硬件(hardware)技术。软件技术是无形的,如专利、商标、专有技术,包含理论、公式、配方、程序、计划等方面,涉及培训、安装、操作、咨询、管理、营销等各个领域。硬件技术是物化的技术,表现为凝聚软件技术的机器设备等。国际技术贸易中所说的技术是软件技术,技术知识是可以传授的,不依附于个人的生理特点。

2. 技术是一种间接的生产力

技术是无形的、非物质的知识。虽然科学技术对经济发展具有至关重要的作用,但是它并不是直接的生产力,它只有与一定的物质条件相结合,通过转化、商品化的过程,才能转化成生产力,因此,技术并不等同于现实技术的手段。1991年发表的《美国国家关键技术报告》中指出:"技术本身并不能保证经济繁荣和国家安全。技术的确能够对美国的国家利益做出重要的贡献,但只有在我们学会将其更有效地应用于研制新型、高质量、成本有竞争力的产品时才能达到这一目标。"

3. 技术具有商品的属性

技术既可以由发明者使用,在一定条件下又可以有偿转让。

技术的转让可以是有偿的,也可以是无偿的。有偿的技术转让是指技术的提供方通过签订合同或者协议,将技术有偿地转让给受方。技术贸易是有偿的、商业性的技术转让。如果是无偿转让,如无偿的国际技术交流、双边或多边援助性的技术转让,则是非商业的技术转让,不属于技术贸易的范畴。

二、技能(Skill)

(一)技能的概念

技能是个体运用已有的知识经验,通过练习而形成的一定的动作方式或智力活动方式。简单来说是掌握并能运用专门技术的能力。[14]

个体运用已有的知识经验,通过练习而形成的一定的动作方式或智力活动方式成为技能。它包括初级技能和技巧性技能。前者是借助有关的知识和过去的经验,经过练习和模仿而达到"会做"某事或"能够"完成某种工作的水平。后者则要经过反复练习,完成一套操作系统已达到自动化的程度。根据技能的性质和特点,可分为运动技能和心智技能。在进行较复杂的活动时,这两种技能都是需要的。但对于不同职业和不同任务来说,这两者的要求有所侧重。高水平的技能是人们进行创造性活动的重要条件。

技能这一概念被视为实现技能前提条件的能力。

我国将技能定义为"通过练习获得的能够完成一定任务的动作系统",或"个体运用已有的知识经验,通过练习而形成的智力活动方式和肢体的动作方式的复杂系统",以及"主体在已有的知识经验基础上,经练习形成的执行某种任务的活动方式"。还有学者指出:"人们运用技术的能力就是技能,即人们直接使用工具'操作'对象时所达到的某种熟练性、能力或灵巧度。"可见,这些定义"把技能界定在行动的领域,揭示了技能的本质特征",也就是"做"或"操作"。[15]

根据现代的职业科学和人力资源理论,常以技能的职业适用范围作为分类标准,可将技能分为通用技能和特殊技能。考虑到职业世界中社会劳动分工的职业专门性,可界定为通用专门技能和特殊专门技能。所谓通用性专门技能,是在通用的职业领域,"以动手能力为核心的操作技能,它是人类在长期发展进化的过程中'制造和使用工具'、从动物中分离出来所依赖的、最能够体现人的本质特征的根本性技能"。从操作手段上,它还可细分为:基于工具或设备等"硬件"应用的职业技能,如制造业、部分农业领域;基于规范或规则等"软件"应用的职业技能,如服务业、部分农业领域。所谓特殊性专门技能,是在特殊的职业领域,在普通专门技能之外的"其他超常规技能,这些技能既需要一定的禀赋,也需要特殊的后天训练"。从身体功能上,它还可细分为:躯体完成超常规动作的(躯体)职业技能,如体育竞技技能、杂技表演技能、舞蹈表现技能等身体技能;以及器官完成超常规的(器官)职业技能,如歌唱表演技能、戏剧表演技能、绘画展现技能等身体技能。

(二)技能的特点

1.技能是活动方式或动作方式

《辞海》将技能定义为运用知识和经验执行一定活动的能力叫技能。通过反复练习达到迅速、精确、运用自如的技能叫熟练,也叫技巧。《教育词典》把技能定义为通过学习重复和反省而习得的体能、心能和社会能力,个体对这种能力的提高也许是无止境的。《教育大辞典》将技能定义为主体在已有的知识经验基础上,经过练习形成的对待某种任务的活动方式。该观点突出了技能获得的方式是通过活动或动作习得的。

2.技能是行为和认知活动的结合

技能是由与行为及认知有关的事项的结构系列组成,说明技能结构中各因素是相互联系的。

3.技能属于知识范畴

在认知主义广义的知识观中,动作技能、智慧技能和认知策略被认为是不同形式的程序性知识,将知识、技能和策略都统一在知识范畴中。技能作为知识分类突出技能对活动的指导作用。[16]

(三)技术与技能的关系

1.技术与技能的"统一"

从本质上说,技术与技能之间的联系是通过"工具"实现的,技术与技能统一于"工具"。技术总是通过"工具"的方式呈现。人类的知识库是一个连续谱,科学知识的运用产生技术,技术的运用形成工具,技术的成果总是通过形形色色的工具表现出来,随着技术的发展,各个领域会不断出现与之相应的工具。以机械加工为例,与技术发展相对应,先后出现了锉、锯等手工工具,车床、磨床等机械化工具,随着计算机技术的发展以及技术的融合,产生了数控车床、柔性加工中心等集成化制造工具。可以说,生产与服务工具催生与变化的历史就是技术的发展史。

技能反映的是人与工具之间的关系。技能是人们运用工具进行生产与服务的能力,不同的人对于同样的工具,表现出不同的运用能力与水平,反映的就是这种技能的不同。例如,一位高水平的厨师能用一把菜刀快速切出又细又均匀的土豆丝,而一个未经训练的普通人用同一把菜刀,切出的土豆丝却长短不一、粗细不均,这就是他们背后隐含的技能差别。技能是在与工具的反复互动即反复训练中形成的。

技术与技能通过中介"工具"联系在一起,有什么样的技术,就产生什么样的工具,就需要相应的技能。技术改变了,相应的工具改变了,必然会带来所需要技能的改变。

2. 技术与技能的"对立"

当前,我们尤其要进一步明晰技术与技能之间的对立性。技术与技能之间的对立性集中地表现在技术对技能需求的削弱,即技术进步带来的技能消失与技术进步带来的技能简单化。[17]

一方面是技术进步带来工具的换代。曾经有很长一个时期,记账采用算盘这种计算工具,使用算盘的能力是一种重要的技能,因此打得一手好算盘是当时的一技之长。但是随着技术的发展,出现了新的计算工具电子计算机,电子计算机作为换代工具彻底取代了算盘,这一技术进步带来了该领域技能的失效,即打算盘的能力不再是一种需要的技能。另一方面是技术进步带来的技能简单化,这是技术与技能之间的一种制约逻辑。用手工工具锉制一个高精度的平面,需要高超的技能,只有少数经过专门训练的师傅才能完成,但是用数控磨床加工这一平面,所需要的技能就会简单得多。这样的逻辑,在工作与职业的各个领域都得到了充分表现,技术使人参与生产与服务变得更为简单。[18]

技术进步是一种必然的趋势,技术进步总是不断催生出各种新的工具,但是技术与技能之间的这种逻辑对立性不会改变,即越来越多的技能在消失,以及越来越多的复杂技能变得更为简单。

三、高等教育(Higher Education)

(一)高等教育的概念

高等教育是在完成中等教育的基础上进行的专业教育和职业教育,是培养高级专门人才和职业人员的主要社会活动。[19]高等教育是教育系统中互相关联的各个重要组成部分之一。通常包括以高层次的学习与培养、教学、研究和社会服务为其主要任务和活动的各类教育机构。20世纪后半叶是高等教育发展史上不寻常的扩展和质变的阶段,社会对高级专门人才需求的迅速增长以及个人对接受高等教育就学机会的迫切需要,使得高等教育以前所未有的速度发展,从精英教育走向大众化教育。

2020年5月,教育部官网公布的2019年全国教育事业发展统计公报显示,全国各类高等教育在学总规模4002万人,高等教育毛入学率51.6%。截至2020年6月30日,全国高等学校共计3005所,其中:普通高等学校2740所,含本科院校1258所、高职(专科)院校1482所;成人高等学校265所。本名单未包含港澳台地区高等学校。

高等教育方式包括普通高等教育、应用型高等教育。普通高等教育指主要招收高中毕业生进行全日制学习的学历教育,普通高等学校指按照国家规定的设置标准和审批程序批准举办的,通过全国普通高等学校统一招生考试(全国招生)招收普通高中毕业生为主要培养对象,实施高等教育的公办本科大学、独立学院、民办高校和职业技术学院、高等专科学校。在我国改革和建设社会主义市场经济体制的历史条件下,发展应用型高等教育是中国高等教育改革发展的趋势。党的十九大报告提出要实现高等教育内涵式发展。深化产教融合、产学研结合、校企合作是高等教育,特别是应用型高等教育发展的必由之路。

(二)高等教育的特征

1.高等教育将发展成为普及型教育

对于高等教育普及化,美国高等教育家马丁·特罗于1972年提出,高等教育入学率在4%~5%以下为"精英型"高等教育;入学率在15%左右为"大众型"高等教育;入学率在30%以上为"普及型"高等教育。根据这种划分办法可以知道,我国高等教育入学率(19%)已进入"大众型"阶段。值得注意的是,随着高等教育规模的扩大,质量也将发生重大变革。

2.高等教育已演变为终生教育

世界经合组织(OECD)干事长Jean Claude Paye曾指出:"未来的经济繁荣、社会和谐都有赖于对人们的良好教育。世界经合组织(OECD)各成员国的教育部长一致相信,贯穿终身的学习已经成了丰富人生经验,促进经济增长和维护社会和谐必不可少的因素。"联合国教科文组织曾对终生教育进行过研究,他们提出终身教育基于四个基本原则:"学会认知",将掌握广泛的普通知识和深入研究某些领域学科相结合,因此又称为"学会如何学习";"学会做事",即获得能够应付生活中各种情况的工作资格、谋职能力、团体合作能力,等;"学会共处",即培养与他人在一起生活的敏锐感知力(因不同文化之间的误解,全球化非常强调这一点);"学习生存",即了解你自己的愿望,培养自我控制行为的能力,做一个负责任的人。

3. 高等教育日益呈现出多样化特点

高等教育的多样化有着丰富的含义,包括学生结构层次、入学方式、学制和学习方式多样化等。高等教育的多样化,意味着每个学校都要寻求自己适合的定位,并在制度、资源分配、学校组织、师资、课程、招生等方面形成内部一致的配合。

4. 高等教育单位将享有更大的自主权

大学的自主主要表现为学术自主,即大学在专业设置、研究领域选择等方面,将有更大的自主权;经济自主,即大学将在市场的机能下调整发展方向,与社会取得更密切的良性互动,并独立担负起经济责任。

5. 高等教育国际化的趋势日趋明显

高等教育国际化同样有着多重含义,包括大学交流与合作国际化,人们可以在更大的范围内吸收必要的学术养分,而学术成果的输出范围也逐步扩大;大学教育活动的国际化,使越来越多的学校邀请外国教师讲授一部分课程,或是直接进行教育输出;同时国际化也意味着大学在培育更适应国际化环境的人才和招收国外学生这两方面付出更大的努力。自20世纪80年代中期以来,在欧盟的有力协调和推动下,欧洲的高等教育国际化进程迅速推进,在诸多方面领导世界潮流。欧盟自1987年开始实施"欧洲大学生流动行动计划"以来,已有20万学生、1.5万名教师参与了交流。1500多所高校参与了2500个以上的国际合作项目。相配套的还有加强外语教学,促进高校与企业界合作,同拉美高校合作的行动计划。

6. 高等教育机构与社会其他机构形成更紧密的互动关系

有人把这种特征称为高等教育社区化,即大学要与地方政府建立更紧密的合作关系,并成为终身教育体系的枢纽,以满足社区民众的不同需求;同时大学也要与产业界之间建立理想的互动关系,以增强大学为社会服务的功能。

7. 注重对学生的能力培养

在这方面最具代表性的是澳大利亚教育改革委员会自20世纪90年代初提出的教育改革政策重点将知识导向转化成能力导向的观点,其中选定了八项能力(关键能力)分别是:第一,搜集、分析、组织信息的能力;第二,表达想法与分享信息的能力;第三,规划与组织工作的能力;第四,团队合作的能力;第五,应用数学概念与技巧的能力;第六,解决问题的能力;第七,应用科技的能力;第八,体认文化的能力。澳大利亚教育改革委员会成员一再强调,"关键能力教育"并不是一套新的课程标准,而是一种新的教学方法。

8.高等教育优质化

强调以"质量立教"。近年来,各国政府纷纷加强对高等教育教学质量、科研质量和科研培训质量的评估和监督,这已成为高教改革的一个重要方面。

四、职业教育(Vocational Education)

(一)职业教育的概念

职业教育是指"对受教育者实施可从事某种职业或生产劳动所必需的职业知识、技能和职业道德的教育"[20]。

高等职业教育是国民教育体系中高等教育的一种类型和层次,是和高等本科教育不同类型不同层次的高等教育。和本科教育强调学科性不同,高等职业教育是按照职业分类,根据一定职业岗位(群)实际业务活动范围的要求,培养生产建设管理与社会服务第一线实用型(技术应用性或职业性)人才。这种教育针对职业的技能能力进行培训,是以社会人才市场需求为导向的就业教育。

高等职业技术教育是培养生产一线高素质劳动者的教育,它的发展与就业市场状况密切相关,按劳动力市场需求来设置专业和课程,用市场运作的理念来经营职业学校,把握市场的要求,就抓住了办学的主动权。如果高等职业技术教育脱离了市场,离开了行业和企业的支持和帮助,高等职业技术教育就脱离了生存和信息的基础,因此高等职业技术教育工作者应当从地区和行业发展的实际需要出发,在对人才需求合理预测的前提下,在行业和企业的参与下,经过反复认真地论证后,对专业设置作出理性决策。

(二)职业教育的特征

1.现代职业教育的职业性

职业教育应以职业为本,教育是手段,就业才是目的。职业教育的职业性决定了职业教育的实践价值诉求。职业教育虽然属于教育的一种,但是它同时又跨越教育和职业两大范畴。职业教育以就业为导向,所培养的人才最终将面对具体职业标准的检验,它有特定的岗位要求、职业道德、内容、情境等,这就决定了我们的职业教育过程要以解决学生的职业问题为价值诉求,要培养他们健康和谐、富有个性的职业道德素养。对职业教育的教育性的追求,如果脱离实际价值取向,必将造成教育的虚化和泛化,也就无法培养出适应社会发展的,为实际工作岗位所需要的人才,难以实现职业教育的目标。

2.现代职业教育的社会性

从社会学的观点看,教育本身即是作为一种社会现象和社会制度而存在的。而职业教育因其特有的在社会中的功能、发展及其制约机制,从诞生之初便与所在社会有着千丝万缕的联系。我国著名职业教育家黄炎培先生曾经指出职业教育是"面向人人"的具有广泛社会性的教育。这里的"人人"指的就是它的社会性。随着社会的进步和经济的发展,职业教育的内涵不断深化,外延不断扩张,其社会性也愈发凸显。

《现代职业教育体系建设规划(2014—2020年)》中明确指出:现代职业教育是服务经济社会发展需要,面向经济社会发展和生产服务一线,培养高素质劳动者和技术技能人才并促进全体劳动者职业可持续发展的教育类型。建立现代职业教育体系的目的是促进现代职业教育服务转方式、调结构、促改革、保就业、惠民生和工业化、信息化、城镇化、农业现代化同步发展的制度性安排,对打造中国经济升级版,创造更大人才红利,促进就业和改善民生,加强社会建设和文化建设,满足人民群众生产生活多样化的需求,实现中华民族伟大复兴的中国梦具有积极意义。由此可见,现代职业教育与当今社会的发展息息相关。

3.现代职业教育的开放性

职业教育体系内部的系统构建是包括中职、专科、本科到专业学位研究生在内的培养体系,满足各层次技术技能人才的教育需求,服务一线劳动者的职业成长。拓宽高等职业学校招收中等职业学校毕业生、应用技术类型高等学校招收职业院校毕业生通道,打开职业院校学生的成长空间。在确有需要的职业领域,可以实行中职、专科、本科贯通培养。建立职业教育和普通教育双向沟通的桥梁。普通学校和职业院校可以开展课程和学分互认。学习者可以通过考试在普通学校和职业院校之间转学、升学。普通高等学校可以招收职业院校毕业生,并与职业院校联合培养高层次应用型人才,职业院校按照经济社会发展的需求确定人才培养的规格层次、专业体系、培养方式和质量标准。畅通一线劳动者继续学习深造的路径,增加有工作经验的技术技能人才在职业院校学生中的比重,建立在职人员"学习—就业—再学习"的通道,实现优秀人才在职业领域与教育领域的顺畅转换。

4.现代职业教育的终身教育性

当今世界已进入了一个全新的时代,构建终身教育体系,推进终身学习制度已成为世界性潮流。目前,三大"客户"的需求——市场、雇主和学习者个体的需求是职业教育的主要驱动力。这三大因素中，没有一个是一成不变的。如果我们的客户在变，我们的职业教育岂有不变之理？美国进入 21 世纪后，其职业教育的改革主题"从学校到工作"（SCHOOL—TO—WORK）逐渐被"从学校到生涯"（SCHOOL—TO—CAREER）取代；强调面向"大众"的"全民"的"技术教育"（TECHNICAL EDUCATION）逐渐被面向"个体"职业发展的"全程"的"生涯教育"（CAREER EDUCATION）取代。这进一步反映了 21 世纪世界教育改革的主旋律，即以人为本，着眼于个人职业生涯的可持续发展。

五、继续教育（Continuing Education）

（一）继续教育的概念

继续教育是指已经具有一定知识和技术的专业人员，为了完善知识结构、提高职业技术水平和创业能力，适应本职工作需要、科技发展与社会进步所进行的、连续性的、各种各样的、非学历教育的总和。[21]

国民教育系列的成人继续教育学历有四种主要形式，分别是成人高考、自学考试、电大现代远程开放教育和网络教育。教育形式各有特点，除成人高等教育以外，报考其他三种不需参加全国统一入学考试。在录取、课程设置、毕业年限、收费标准、学位授予、上课方式等各方面四种形式也有所不同。

成人高等教育是继续教育的重要组成部分。经过多年的实践和探索，形成了成人高等教育改革和发展的总体目标，即动员社会各方面的力量大力支持、积极兴办多种形式、多种规格的成人高等教育，进一步增强和拓宽社会成员接受高等教育的机会和渠道，使成人高等教育为经济和社会发展提供更加广泛的服务。高等继续教育需要通过高等自学考试。高等教育自学考试是对自学者进行的以学历考试为主的高等教育国家考试，是个人自学、社会助学和国家考试相结合的高等教育形式，是中国社会主义高等教育体系的重要组成部分。电大开放教育是相对于封闭教育而言的一种教育形式，基本特征为以学生和学习为中心，取消和突破对学习者的限制和障碍。远程网络教育是一种新兴的教育模式，和传统教学方式不同，其主要通过远程教育实施教学，学生点击网上课件（或是光盘课件）来完成课程的学习，通过电子邮件等方式向教师提交作业或即时交流。

（二）继续教育的特征

1.教育对象的高层次性

当今社会，科技迅猛发展、信息总量激增、知识更新周期缩短，这必然会使岗位转化日趋频繁、职业流动日益加快。一个人不可能终生在一个岗位上工作,只有通过接受继续教育,才能不断地调整知识结构、提升素质能力,从而适应时代发展要求,使个人和社会发展同步。继续教育对象与其他成人教育对象相比较而言,大多数具有大专以上学历水平和中级以上专业技术职务职称,"具有较强的自主学习能力、扎实的理论功底、丰富的工作经验,已经为社会或社会某一领域的发展做出了某种较大贡献。因此,继续教育对象具有较高的智能性"。这种较高的智能性起点所应该达到的目标要求也必然具有较高的层次。对于他们来说,继续教育重点不再是对基础知识的把握,而是要加强对当前国内外该领域的新理论、新技术、新方法等展开探讨与学习。通过这种探讨与学习,使知识得到扩展、能力得到提升、素质得到提高,以便更好地满足岗位、职务要求。

2. 教育目的的创造性

创造性是人才与普通人群本质的区别,也是当今社会对人才的根本要求。从人的创造统计规律来看,人的创造期一般在 25～50 岁,而这段时间恰是在职人员接受继续教育的年龄,加之他们知识、能力和素质都相对较高,对他们创造性要求应该更加突出。"而创造力的开发重在学习、重在实践,仅仅依靠几年大学教育是远远不够的,必须借助于以实践为基础的继续教育。"这是因为继续教育虽然包括知识的传授,但它既不是对已有知识的简单、重复和再现,也不是对过去知识的补充、更新与拓宽,它在启迪和引导学习者接受知识的同时,运用创造性思维,将储存在大脑中的各类知识建立起各种新的联系,在掌握和利用新知识的过程中引发他们的创造灵感,从而使已有的知识产生新的价值,进而转变成新的知识、新的技术。因此,从本质上来说,继续教育是一种创造教育。

3. 教育内容的实用性

由于职业已经确定,在职人员继续教育需求特点是为满足其现实工作的需要或者为了增强职业竞争力,同时由于工学矛盾的突出性,"他们总是希望能够在最短时间内学到最有用的、最有效地解决当前面临的实际问题的知识,注重的是知识实用性、应用性而不是学术性、理论性"。因此,继续教育内容坚持"按需施教、讲求实效、学以致用"的原则,紧密结合在职人员的心理特征和工作实际,在充分听取和吸收他们意见基础上,不断吸纳反映该领域课程项目里的最新成果,真正达到所学知识能为其所用的效果。

4. 教育形式的多样性

在职人员在原有基础、认知特点、个性特征、个人状况等各个方面都具有不同特点,继续教育要通过多种多样的机会使他们多样化的个性得以充分实现。在办学形式上,要充分调动教育部门和社会各界的积极性,形成以政府办学为主体,企业、社会团体、高等院校、科研单位积极参与的多元化办学格局;"根据学员的不同特点,采取面授、函授、网络教育、社会助学和自学等灵活多样的办学形式;根据学员的不同条件,综合采用课堂讲授、多媒体教学、研究讨论、情景模拟、实地调查与参观访问等灵活多样的教育教学方法"。

5. 教育周期的短时性

继续教育不同于普通高等教育,它面向在职人员,以培养职业态度、传授职业知识和提高职业技能技巧为目标,具有相对较短的周期。这是因为从继续教育对象来说,他们均具有较高的文化程度和专业技术基础,不需要从基础理论知识讲起,而是根据工作需要有重点、有选择性地学习本专业领域内最新知识,不需要太多的学习时间。同时这些在职人员往往是各自单位的技术和管理骨干,也不可能有大量的精力用于学习;从继续教育内容来看,"这些内容往往是代表当代科技和管理发展的先进水平,有的还可能是前沿性内容,属于探索研究性质的,因而也没有那么多内容可讲"。因此,较其他层次的成人教育而言,继续教育具有"周期短、频率高、见效快"的"短、高、快"特点,继续教育多则几个月,少则一两天。

6. 教育时限的终身性

大学后继续教育,顾名思义,它只有相对的起点——大专文化水平,却没有绝对的终点,不可能是一次性终端教育。这是因为"技术的进步和就业模式的改变要求在职人员能够在一生中不断地更新其知识或技能,而且他们在工作过程中会有许多晋升、晋级和转岗等机会,而每一次机会的到来都需要接受再教育,这样才能使自身创造能力得到不断提高、视野得到不断扩大"。在职人员以终身教育理念为指导,按照职位或岗位的需要,"工作—学习—工作—学习"相互交替、连续不断地进行,使学习与工作融为一体。

六、人才流动(The flow of talent)

(一)人才流动的概念

人才流动是指专业技术人员的服务单位或服务对象按照本人意愿发生变化的社会现象。[22]人才流动与"计划调配"相对,是人事管理中人员调配的一种形式。中国在探索人事制度改革中,由集中的计划调配改为计划调配和人才流动相结合的调配制度。它既指专业技术人员改变隶属关系的流动,也指在不改变隶属关系条件下的智力流动,如借用、兼职、讲学、技术攻关、承包项目、咨询服务等。它有利于搞活用人制度,合理使用人才,调动其积极性。人才流动是社会生产力发展的客观要求。

人才流动有狭义和广义之分,狭义的人才流动指组织间的流动,也就我们通常所说的"跳槽";广义的人才流动是指人才从一种工作状态到另一种工作状态的变化,工作状态可以根据工作的岗位、工作的地点、职业的性质、服务的对象及其性质等因素来确定。

人才流动是人才调节的一种基本形式,是调整人才社会结构、充分发挥人才潜能必不可少的重要环节。由于中国的人才市场起步较晚,市场化程度低,"一次分配定终身"和"一个岗位干一生"的现象仍较普遍,与国外15%～20%的流动率相比,中国的人才流动率仅为3%,这不能不引起我们的高度关注。人力资源作为社会生产中的一种重要资源,必须进行有序地流动。只有人才流动起来,才能实现人力资源的合理配置,才能提高人力资源的使用率。随着经济和社会的发展,人才流动选择的途径有很多。例如,网络招聘、招聘会、报纸电视、熟人介绍、职业经纪人等。

影响人才流动的因素主要有:产业结构的调整、科学技术的发展、专业的更新、经济发展的要求、人才竞争的状况以及人才结构的调整等。企业人才流动主要包括两种情况,一是企业人才以各种形式在社会范围内的流动,二是企业人才在企业内部的岗位调换和职责变更。

人才流动有合理与非合理、正向与逆向流动之分。原则上,凡是符合社会经济发展需要的人才流动都可称为合理、正向的流动,反之则是非合理、逆向的流动。人才流动还可分为宏观、中观、微观流动三类。宏观人才流动是指各级各类人才根据产业、系统、部门、专业等类别在全国范围内进行的流动;宏观人才流动是各级各类人才在企业、系统、部门、专业、地区内进行的流动;微观人才流动是基层人才在任用单位内部的流动。

(二)人才流动的特征

第一,从地域的角度看,人才由发展中国家向发达国家流动,由中国西部地区向东南沿海地区流动。

在世界范围的人才争夺中,发达国家充分利用其雄厚的资金实力和所能提供的优厚待遇、环境吸引了大批发展中国家的优秀人才,《华尔街日报》在1997年对不同国家面临的人才外流问题进行调查,最好的人才留在美国和新加坡。

我国人才流动呈现出"孔雀东南飞"现象。自20世纪80年代以来,西部人才流出量是流入量的两倍以上,特别是中青年骨干人才大量外流,陕西省2004年毕业的4600多名硕士学位以上的研究生,有80%到东部省份择业。每年在外地的非师范类毕业生的回归率只有40%,甘肃农业大学培养的27名畜牧业硕士研究生已全部外流。而东部沿海地区凭借良好的经济基础、有利的区位优势吸引了大批人才从低收入地区向高收入地区、从贫困地区向发达地区流动,不仅是因为发达地区提供了优厚的待遇,而且因为这些地区重视人才,意识到人才资源是第一资源,为吸引人才采取各种各样的政策和措施例如:上海等地纷纷出台各项政策,打造人才高地。因此制定灵活的用人政策,创造良好的留住人才的环境显得特别重要。

第二,从时间的角度看,人才流动数量逐年增大。

人们已经改变了过去"金饭碗"的就业观念,意识到市场对于人才配置的重要性,习惯到人才市场寻求新的发展机会。现在人才的高频流动是由于我国经济的高速发展,企业对于人才大量需求造成的。企业各显神通,采用各项灵活性措施吸引人才,使大量人才渴望通过流动获取更多报酬,获得更大的发展空间。

第三,从企业类型的角度看,人才由国企向外企流动。

随着近几年中国出现的高层次人才流动现象,各种不同性质的企业均有不同程度的人才流失,但是国有企业的人才流失状况尤为严重。据中国社会调查事务所调查显示,在过去5年中,被调查的国企共计引入各类科技人才7831人,而流出的各类科技人才达5521人,引入和流出的比例为1:0.71。而外资企业则吸引了大量国有企业的人才。管理观念与用人机制落后是造成国有企业人才流失的主要原因,市场配置将成为人才资源配置的主要方式,国有企业传统的人员计划调配方式将日益衰落。户籍、身份将不再限制人员的流动,国有企业应转变观念,建立科学用人机制、激励机制、完善人力资源系统,为吸引人才打造良好的环境。

第四,从行业角度来看,高科技行业的人才流动高于传统行业。

有人估计,美国"硅谷"每年的工作变动率是50%,有相关行业提供的求职信息数据也显示高科技行业的人员流动率远高于传统行业。信息技术、互联网、电信求职人数置于所有行业的首位,比例高达13.97%。而制造业的求职人数仅占5.78%,贸易更低达3.30%。人类社会正处于第四次革命性的转变,即从工业社会向知识型社会转变。而知识经济则是以知识为基础,以知识和信息为主要生产资源,以科学技术为第一生产力,以高科技产业和服务业为支柱的可持续发展的经济,因此,知识经济需要大量高科技人才。例如,美国虽然已有100多万名从事科技开发的人才,但在未来10年内至少还需要100万名高新技术人才,高新技术人才需求量的飞速增加,为高新技术人才提供了更多机会,使人才流动率居高不下。另外,高科技企业人才作为知识性员工,不仅考虑经济收入,更考虑个人发和成就需求,在工作时间、工作氛围上也与其他员工有所不同,一旦企业不能满足其需求,他们就会另外去寻找可以尽情施展自己才华的天空和舞台,去实现自己的价值和人生抱负。

第五,从个人成长角度看,人才流动集中在年轻人群体。

相关行业前程无忧网2004年12月提供的求职信息数据显示,工作经验五年内的求职者占所有求职者的 87.6%,30 岁以下的求职者比例高达 81.37%。年轻人人员流动大,主要有两个方面原因:一是由于年轻人对自己的职业生涯没有准确定位,处于职业探索和尝试阶段,自我以及职业发展认识能力有限,对职业和初次进入的企业的认同或喜好是情景性的,缺乏稳定性,需要通过不断尝试、探索确定适合自己的职业和企业;二是由于青年人掌握先进的科学知识、精力充沛、家庭负担比较轻,并且不易受传统思想的束缚,具有较强的创新意识和可塑性,有着巨大的发展潜力,因此成为人才市场的宠儿。为吸引他们,用人单位实行了种种优惠政策和措施,促使年轻人成为人才流动的主力军。

第六,从人才职业类别角度看,市场营销人才流动率远高于其他职业。

销售人才在各地人才市场的供求榜上均处于领先的地位。全国 19 个主要人才市场显示,15 个人才市场销售型人才的需求处于首位。销售人才流动率高,主要有以下三个原因:一是由于大多企业对销售人才薪酬采用的是佣金制。这种薪酬政策,有利于激发员工的工作积极性,但同时也带来了销售人员对企业认同度降低的弊端,他们更关注产品的销售前景和提成的多少。当公司产品销售处于低谷或淡季,其他公司提供更具吸引力的薪酬政策时,这些人就会更换门庭。二是由于销售人员掌握着大量客户,吸引一个销售人才不仅会增强销售队伍,更会带来大量客户,为企业创造直接的经济效益。因此,销售型人才成为很多企业的宠儿。三是随着经济的发展,大多数行业已由卖方市场转化为买方市场,企业要想生存、发展就必须提高市场营销人员的数量和质量。市场对销售人才需求的不断增大促使销售人才市场火爆。

第二节　国外技术技能人才培养构建体系的研究与启示

技术技能人才历来都是国家发展建设的基石,任何制造业基础实力雄厚的国家,都离不开优秀的技术型人才,如德国和日本。但同为制造业大国,中国却是个例外,这与我国高技能人才的缺失有关。[23]

数据显示,德国、日本等发达国家的制造业技术型人才数量占到自己国家技能劳动者总数的 45%,与之形成鲜明对比的是,我国只有不到 5%。俗话说,冰冻三尺非一日之寒,这种情况的出现,绝不是短期内造成的,它与我国长期的不均衡发展有关。现如今,我国已成为世界第二大经济体,但高端技术型人才的匮乏使国内现状与中国在世界上的地位极为不符。基于此,本节将对国际背景下技术技能人才培养体系的构建展开分析,总结各国技术技能人才培养经验,得出各国技术技能人才培养政策对我国高技术技能人才培养的启示。

一、英国技术技能人才培养构建体系的发展与研究

第二次世界大战结束以后,各国都纷纷进入国民经济的调整与发展中,英国虽然是战胜国,但长期的战争也给国家和人民带来严重的创伤。为了尽快恢复和发展经济,英国开始重视职业技术教育的发展,通过颁布一系列的教育政策,支持技术技能型人才的培养。

(一)英国技术技能型人才培养政策的初始期

第二次世界大战后,英国政府对教育重建作出积极回应,颁布重要政策法规以鼓励职业技术教育的发展。[24]1944 年颁布的《1944 年教育法》提出把公共教育体系分为初等教育(5~11 岁)、中等教育(11~16 岁)和继续教育(16 岁以上)等三个阶段,明确继续教育在法律上的地位,为 16 岁后的教育和培训奠定基础。1945 年《珀西报告》提出把科学技术和产业发展结合起来,加强教育界和产业界之间的交流与合作,重点支持高质量技术学院的发展,通过提供与大学同等学位水平的课程,培养工科领域的高水平技术技能型人才。1946 年,《巴洛报告》也鼓励大学和产业通过产教融合的方式联合培养理工科行业领域的技术技能型人才,这些法律和报告的提出与颁布对于第二次世界大战后英国的教育发展提供了指导方向,具有历史性的意义和价值。

(二)英国技术技能型人才培养政策的奠基期

20 世纪中期,英国颁布的教育政策为技术技能型人才培养提出较为明确的要求。1956 年的《技术教育白皮书》提出把技术学院分为高级技术学院、地区学院、区域学院和地方学院四种类型,用以培养技术专家、技术员和熟练工,突出各类学院的办学目标和办学定位。1959 年,《克劳瑟报告》提出通过延长学生离校时间实施强制性的继续教育,增加技术课程,培养中级水平的技术人才,为未来继续教育的发展奠定基础。1963 年《罗宾斯报告》以培养高级技术人员为出发点,将 10 所高级技术学院升格为工科大学,同时创办 6 所新大学和 5 所理工科教育科研特别学院,建立高等职业教育与普通高等教育双轨运行的高等教育体制。

(三)英国技术技能型人才培养政策的发展期

20 世纪 70 年代后,随着科学技术的快速发展,英国政府颁布一系列教育政策,进一

步加强教育界和产业界的交流与融合,提高技术技能型人才培养质量。1987 年的《迎接挑战》白皮书建议扩大高校招生人数,通过校企合作和产教融合的办学形式提高劳动力的学历层次,弥补劳动力的技能不足,使教育有效地服务于地方经济的发展。1988 年的《教育改革法》提出要建立新的国家职业资格体系,把数学、英语和科学作为义务教育阶段的核心课程。1993 年,英国正式开始实施现代学徒制,由政府给予资金资助,帮助年轻人实现从学校到工作岗位的过渡,提高年轻人的就业率。在这个时期,政府还颁布了《青年人的教育和培训》(1985 年)、《齐头并进——教育与培训》(1986 年)和《面向 21 世纪的教育和培训》等政策文件用来支持技术技能型人才培养。

(四)英国技术技能型人才培养政策的多样化时期

21 世纪以来,人力资源的竞争成为国际竞争的重要内容,英国不但重视年轻人的就业,而且关注弱势群体的再次就业,人才培养政策的内容更加丰富化和多样化。2005 年颁布的《14～19 岁青年的教育与技能开发》白皮书提出将义务教育年限提高至 18 岁,培养学生的关键技能和终身学习的能力,为以后的就业提供基础。2006 年的《继续教育:提高技能,改善生活》白皮书也以提高年轻人和成年人的职业技能,提高个体生活质量为目标,建议创建学习者学习账户,同时给弱势群体提供免费的职业培训,强调社会公平。2008 年颁布的《继续教育、技能和重建的技术策略》提出要增加残疾人和妇女的就业机会,提高全民的技能水平,实现世界级技能强国的目标。学徒制作为技术技能型人才培养的主要形式,是英国历届政府广为关注的教育内容,尤其是卡梅伦联合政府执政以后,先后颁布了《英国未来的学徒制实施计划》(2013 年)、《增强技能的严格性和响应性》(2013 年)、《走向未来:通过校企合作实现高等水平的技能》(2014 年)和《英国未来的学徒制》(2015 年)等教育政策,采取多种有效措施大力支持学徒制的发展。[25]

英国技术技能型人才培养政策具有时代性。英国技术技能型人才培养政策是社会历史发展的产物,反映了特定历史时期的人才培养需求,具有明显的时代性。第二次世界大战后的教育政策以教育重建为主要的任务,主要凸显政府的主导作用,为未来的教育事业提供发展方向。

英国技术技能型人才培养政策制定过程严格。英国是典型的分权制、多党派的议会制国家,各类教育政策在正式实施之前会成立专门的机构或委员会进行长时间的深入调查和论证,然后形成专题报告并以政府白皮书的形式向社会公布,在广泛听取社会各界的意见和建议之后,予以修改完善,最后呈送议会审核,每一项教育政策在正式出台前都要经历相当长的时间,从而保证教育政策的科学性和可操作性。此外,在重要的教育政策颁布后,英国还会建立专门的机构予以组织和制度保障支持。

英国的职业技术教育政策旨在通过培养技术专业化人才促进英国的经济发展,因此,在政策内容方面较为注重连续性和可持续性。2009年英国就业与技能委员会颁布《发展世界级技能和工作》的报告,报告认为技能型劳动力的培养对于英国未来的经济繁荣有重要的意义,应该进一步加强技能、就业和经济政策之间的联系,实现技能开发体系的连贯性、平衡性和整体性。

英国技术技能型人才培养政策体现了终身化的学习理念。[26]由于信息通信技术的快速发展,电脑操作成为人们日常工作中必不可少的工作技能,也成为市场需求发展较为迅速的职业技能,信息通信技术的发展要求各专业人员不断学习新知识,掌握新技能,满足职业发展的需要。现代学徒制作为继续教育的主要形式,也充分体现了终身化的学习理念。

二、美国技术技能人才培养构建体系的发展与研究

美国技术技能人才教育主要由社区教育学院、技术学院、大学和工程教育承担。[27]20世纪初期,社区教育学院的目标是培养能够在科学技术领域工作的技术员,学制2年,副学士学位;技术学院的目标是培养知识转化和实践操作能力强的技术师,学制4年,学士学位;大学本科教育的目标是培养专业理论知识过硬,知识面广,并具有一定的管理水平和交际沟通能力的专业人才;工程教育的目标是培养工程职业特征显著,专注工程产品、功能实现的设计师。

第二次世界大战战后至20世纪60年代,一方面由于经济逐步恢复,需要一批科技应用技术人才进行社会生产和经济建设,另一方面,大批的退伍军人希望能够通过短期的专业培训或者技能训练,尽快获得一定的技术能力,找到合适的工作,这些因素刺激了应用技术教育的改革和发展。

20世纪70年代,美国经济发展处于低靡时期,严重的经济危机和居高不下的失业率,使人们恐慌和不安,以及对教育职能产生怀疑,人们迫切地希望通过学习某种专一的技能找到工作以维持生计。因此,美国应用技术教育开始广泛推广"生计教育"运动。这一时期的应用技术教育目标是为了使学生能够逐渐适应社会的变革和快速发展,尤其强调学习和就业的关联程度,在满足社会稳定和发展需求的基础上,逐步转向为社会和经济发展服务。

20世纪80年代,第三次产业革命到来,信息服务产业在社会经济中独树一帜,快速更新的高新科技和严峻的国际竞争更加迫切需要一批应用技术人才,美国在这一时期的应用技术人才培养出现了危机。美国国内的一些高等教育研究学者,过分地相信智力投

资大于一般意义上的投资,夸大脑力劳动者的重要性。因此,这一时期美国的教育改革重心是提高学生的科学研究水平和学术研究水平,可是培养出的人才反倒无法适应信息时代快速的经济发展。

20世纪90年代,随着世界经济格局的巨变,生产率不断提高,产业结构不断调整。社会经济发展对人才的要求发生巨大变革,对工人技能的要求也越来越高。为了解决人们的生计问题,美国政府推出了"技术准备计划",致力于解决人们的就业、升学、教育效率等问题。该计划整合社区学院、技术学院、大学和工程教育以及各类学徒或私立教育机构的资源,共同参与实施。这标志着美国应用技术教育发展进入一个新阶段。[28]

随着经济的快速发展,知识经济时代的步伐越来越快。新的经济形势不但要求企业工作人员具有较强的实践工作能力,同时要求其具有较高的综合素质。因此美国的应用技术人才教育从未离开过企业。企业是应用技术人才培养的重要基地,同时也承担着应用技术人才培养规划、设计和具体实施的角色。[29]

21世纪初期,美国开始创建"合作教育"人才培养模式,这是校企合作的雏形。它强调理论和实践的结合,强调了学以致用的教育理念。这种教育模式融合美国教育界、工商企业界、劳工界和社区等各方力量,共同帮助学生在学校学习理论知识,在实际工作岗位中学习实际操作技能,为学生指明了就业方向,使学生增强了就业信心。有些技术学院还与企业合作开展"订单式培训计划",由企业提出人才需求,由技术学院按需开展教育培训,或培训企业自有员工,或为企业培训新进员工,使其达到企业生产所需技能水平。[30]

这种"合作教育"人才培养模式具有以下特点:

第一,应用性针对性强,细化到岗位。

第二,校内理论学习为主,企业实践训练为主,分工合理,体系完整。

第三,合作教育强化了学校的社会职能,不是闭塞的"象牙塔"。

第四,潜移默化培养学生的社会交际能力、沟通能力和竞争力。可见,"合作教育"人才培养模式是实现应用技术人才培养的有效方法。

三、澳大利亚技术技能人才培养构建体系的发展与研究

最初,澳大利亚高等教育学院的教学重点放在本科生和本科生以下层次。[31]20世纪70年代,高等教育学院的文凭课程逐渐被学位课程取代,高等教育学院开始授予学生学士学位,但仅能授予普通学士学位而不能授予荣誉学士学位。20世纪80年代中期,高级教育学院逐步形成了与银行、企业、工厂、政府机构等社会各界有紧密联系的高等专业教

育体系。20 世纪 80 年代后期,有些高级教育学院已能提供硕士学位,有的高等教育学院甚至与大学联合培养博士生。此后,由于经济危机、财政危机,澳大利亚联邦政府在社会宣传、经费拨款等方面采取了一系列措施,让高等教育学院逐渐意识到双轨制下的尴尬身份与不利地位。面对经济的持续下滑及高等教育中出现的一系列问题,1988 年 7 月,澳大利亚联邦政府推出了白皮书,其中最重大的改革是逐步取消了综合性大学与高级教育学院并存的双轨制,实行" 一体化"。这一改革所采取的方式是合并若干高等技术学院为新的技术大学,而不是直接升格为综合性大学。这次改革促使新的技术大学规模急剧扩大,但这次教育资源的整合与重新分配极大地提高了高等教育系统的效率。[32]澳大利亚应用技术大学开设专业的范围广泛,涉及农业、工程建筑、医学、商业、艺术等诸多领域。

为实现国家职业培训资格框架下各类教育顺利衔接,澳大利亚的技术与继续教育学院与大学建立了良好的合作关系。这种衔接关系通常采用两种形式。一是大学和技术与继续教育学院签订学分互换、文凭互认协议。二是实力雄厚的技术与继续教育学院可作为大学分校,学生在第一、二学年在技术与继续教育学院学习,且每学期增加一门学位课程,毕业后取得文凭学历;若想获得本科学士学位,则需继续在大学学习一年的学位课程。

教育机构之间协商衔接协议这种结构化的方法目前在澳大利亚是被认可的。但是,这种方法涉及多方利益群体,管理比较复杂,需要专业化团队处理好他们之间的关系。[33]澳大利亚现有专门成立的学分转换办公室负责高层次应用技术型人才培养的全方位衔接,如格利菲斯大学的学分转换办公室。大学和技术与继续教育学院分别建立了学分转换案例库和数据库,便于尽快查找学生的学分情况或先例。若案例库中没有该学生的案例,可向相应教育机构提交申请。

澳大利亚应用技术型人才的培养拥有良好的外部环境,特别是政府、大学、行业、学生之间形成了良好的合作共赢关系。这不仅有利于课程教学、科研项目研究、学生就业,也有利于培养行业所需的人才,以服务社会经济发展。在澳大利亚应用技术型人才培养过程中,行业发挥着举足轻重的作用,甚至可以说是应用技术型人才培养的牵引者。第一,行业参与应用技术型人才培养模式的构建。一般学院的具体课程开发由行业主导。第二,行业以学院董事会成员的名义参与管理。学院大部分成员是工厂、企业等的资深专家,他们主要通过董事会议参与学院经费筹措、人事管理等事务的决议。[34]第三,完善教师队伍专业化建设,行业鼓励职员担任学院兼职教师。学院聘请行业内资深专家定期或不定期为学生进行专业技术讲座。学校教职工也需到工厂、企业接受专业技术培训。第四,提供实训基地。行业参与学院实践教学工作主要表现在实训基地建设、安排学生实习、提供最先进的生产设备,协助建设全国范围的模拟实训基地等。第五,质量评估。国家和州的行业培训顾问委员会定期对学生学习质量和教学实践成果进行评估,调查行业雇主对学院教育和培训质量的满意度。第六,资金投入。澳大利亚立法规定,企业必须拿出相当于工资总额2%的资金用于培训。企业一般通过委托或招标、投标的方式,向技术与继续教育学院拨款,开展专门培训服务。

澳大利亚政府在整个应用技术型人才培养过程中主要通过颁布政策和经费资助两种形式给予支持。[35] 2008年,澳大利亚劳工党发布《布莱德利高等教育评估报告》,要求"使大学建立在一个更加广泛和有效的高等教育系统之上,特别是要与职业教育和培训建立起牢固的合作关系"。在应用技术型人才培养过程中,政府通过加大经费投入力度,推行扶持政策,在行业、学校的协商中起到了宏观调控的作用。例如,政府直接资助新学徒制,提供工具包和免税培训奖学金。此外,政府为鼓励高中生参与新学徒培训,每年提供100万澳元的资金作为奖励。

四、日本技术技能人才培养构建体系的发展与研究

在日本的产业政策中,技能人才的培养占有极其重要的地位。[36]多年来日本以技术立国为理念,以提高制造能力为目标,在国家技术战略的指导下,不断引进新的制度措施,培养了大批掌握高新技能的人才,为持续发展提供了人力资源保障。"实践型人才培养体系"就是日本近来推出的又一个新制度。

(一)"实践型人才培养体系"的基本框架

实践型人才培养体系制度建立于2006年,由管辖劳动事务的厚生劳动省负责实施。实践型人才培养体系被概括为以雇佣关系为基础的、通过企业实习和在教育机构的理论学习培养技术人才的技能训练制度。也就是说,企业要与参训者签订雇佣合同,参训者作为企业的雇员参加现场实习和理论学习。这个制度的实施首先由企业向厚生劳动省提交包括培训计划等在内的申请资料,获准后通过广告、公共职业介绍机构等招募培训生,与其签订有期限的雇佣合同和培训合同。然后与教育机构合作,按照培训计划实施培训。培训生在企业参加现场实习,同时也参加教育机构的理论学习。培训结束后,企业对培训生进行能力考核,与符合条件的培训生签订正式雇佣合同。培训生为15岁至35岁的青年,培训期间为6个月至2年,总培训时间最低为850小时/年,企业现场实习时间占总培训时间的20%～80%。在培训期间,企业按照《劳动基准法》

《最低工资法》的规定,向培训生提供相应报酬、加班工资以及社会保险费。企业与培训生要签订雇佣合同和培训合同。雇佣合同中须写清楚:第一,雇佣的期限、场所及内容;第二,工作时间、休息时间以及有无加班时间;第三,公休日;第四,休假;第五,工资(包括基本工资、津贴、加班工资、工资计发日、工资发放日等);第六,培训内容;第七,培训结束后的雇佣办法;第八,退职事项;第九,社会保险;第十,雇佣合同变更的处理办法;第十一,培训生的职责。企业要按照培训计划实施培训。培训包括企业现场实习和教育机构的理论学习。具体的时间分配以及实施模式由企业根据实际情况制定。企业在培训结束时要对培训生进行考核。考核包括现场实习考核和理论学习考核。现场实习考核可按照国家技能资格鉴定办法及行业技能资格鉴定办法等进行。企业根据现场实习考核结果与教育机构的考核结果做出综合评价,最后决定是否雇佣培训生。

(二)政府的作用

政府以国家财政支出的形式,促进实践型人才培养体系制度的实施。政府资金具体用在四个方面:企业、行业团体、教育机构、培训生。[37]对于企业的补助有以下形式:第一,通过“职业生涯形成促进助成金”制度,对实施“实践型人才培养体系”的企业提供资金补助。第二,通过《中小企业劳动力确保法》实施该项目的中小企业提供资金补助。第三,行业团体、教育机构及培训生的参与和企业有着密切的联系,相关机构中蕴积着较丰富的技术资源。然而,这些团体或机构数量很多,并且所提供的服务在质量上不尽相同。为了保证实践型人才培养体系的有效实施,厚生劳动省在选择委托教育的机构时,采用了竞争方式:用公告形式将招募事项公开,应募者将填好的培训计划书提交给厚生劳动省。获批准的团体或机构以委托费的名目从国家拿到资金,在本行业或本地区团体推行实践型人才培养体系。获批准团体或机构通过调查本行业或本地区的培训需求,制定出实践型人才培养体系的教学大纲及实施计划,吸收企业派遣培训生前来参加理论学习。这些工作能减少企业在寻找教育机构、与教育机构沟通上花费的时间和人力。另外,企业在制定自己的实施计划时,可以参照行业组织等的实施计划模型以及他们通过调查总结的经验,也可以节省时间、少走弯路,降低成本。

培训生是以自己的生涯时间作为投入来参与实践型人才培养体系的。[38]通过这个制度,培训生通过培训可掌握赖以谋生的技能,得到稳定的职业,所以培训生也是有充分动机参与这个制度的。现在日本的失业率约为3.9%,在就业困难的时期,这个能在就业方面带来保障的制度是非常受求职者欢迎的。并且,培训生在培训期间不仅可以有工资,还可以得到国家对培训学费的补助。

五、加拿大技术技能人才培养构建体系的发展与研究[39]

（一）课程设置范围广、种类多

加拿大社区学院的职业课程范围非常广泛,大致可分为商业、技术、卫生、工艺四大类。社区学院还开设徒工培训课程,培训课程涵盖了工业、商业、卫生环保、工艺等诸多工种。社区学院的徒工培训课程是与企业合作进行的,学院与企业签订合作协议,共同培养。一般来讲,学生90%的时间用于现场操作、在岗学习;10%的时间在社区学院学习相关课程知识。加拿大非常重视学生的就业,几乎每所社区学院都设立了"公共关系与就业部",免费为学生提供职业指导服务。

（二）学术教育与职业技术教育课程相结合

普通教育与职业教育学院的课程分为两个阶段,第一阶段学习若干门基础课程、母语和第二语言、体育和哲学;第二阶段根据学生的教育和职业目标确定专业课程和补充课程,保证学生都有一个普通教育和感兴趣的专业相互平衡的课程计划。

（三）注重学生能力培养

加拿大社区学院培养学生技能的方法有:第一,合作教育。合作教育是把社区学院的课程学习与带薪的工作合二为一。学生先在社区学院进行至少两个学期的职业理论学习,之后去校外企业、工厂进行第一次为期4个月左右的有工资的工作,再回到社区学院学习一个学期的专业实践课,之后再到企业工作一个学期,如此交叉进行。第二,专业设置的职业性、应用性和综合性。第三,模块教学(也称CBE教学)。模块教学是以能力为基础的教育(Competency Based Education),是以职业能力、技能,特别是职业岗位要求的具体特定技能为依据组织教学,使知识传授与能力培养相结合。CBE教学通过培训和教学向学生提供个别指导,允许学生学习进度有快有慢。CBE教学重视教学评价,教师、学生都参与评价,及时获得反馈意见。第四,重视课程开发。由行业专家根据就业状况、劳动力市场需求,确定人才培养目标、人才的知识结构和能力结构,由教师根据要求编写教材实施教学;由企业从事实际工作的专业人员制定岗位工作所要求的能力,以此为基础拟定教学计划。[40]

(四)强化教学质量保障机制和评估体制

1. 注重师资质量

加拿大社区学院的教师一般都具备硕士及以上学位,有在企业工作的经历,具备开设三门课程的能力。教师每周授课平均为 16 学时,职业培训课教师每周平均为 20 学时,略高于美国社区学院教师的工作量。教师除上课外,每年要有 4 周的时间到企业实践。加拿大社区学院聘用兼职教师,注重提高教师的实践能力。为加强学生的技能培训,加拿大社区学院聘用了一批有实践经验的企业工程技术人员和管理人员任兼职教师。此外,社区学院的教师每年要到企业参观,带学生实习和兼职工作。

2. 教学质量保障体系

建立教学档案评估教师的教学水准;小班授课提高教学质量;教学内容上注重培养学生的逆向思维能力、创新思维和跨学科的综合能力;充分利用多媒体手段,让学生广泛接触先进的通信方式,培养学生独立获取信息资料的能力。

3. 教学质量评估体系

根据社区学院的质量评估标准,由学院专门机构负责校内的质量评估事项;聘请校外专家评估,建立教学质量外部评估制度;校内课程评估,学院内的其他系参加对某一系开设的课程进行评估;用人单位、毕业生、行业学会、协会对社区学院的教学质量评估等。[41]

六、国外技术技能人才培养构建体系研究对我国的启示

通过对英国、美国、澳大利亚、日本和加拿大五国人才培养保证体系的发展研究,各国在不断探索继续教育发展的进程中,形成了各具特色的人才培养模式。[42]外国技能人才培养模式的共性主要体现在法律保障、政府支持、途径多样、终身学习四个方面,其发展趋势集中在以下几个方向:一是重视技能人才培养,提升国家核心竞争力;二是提高职教社会地位,构建普、职等值体系;三是关注人才培养质量,促进经济社会发展;四是完善人才培养体系,回归职业教育本质。国外的有益经验对于我国技术技能人才培养体系的构建具有一定的借鉴作用和指导意义。[43]

(一)英国技术技能人才培养构建体系对我国的启示

第一,完善高级技能人才培养的政策法规体系,加强政府在高技能人才培养中的导

向作用。

英国在高技能人才培养政策方面,充分发挥政府的宏观调控作用,不仅制定了国家高技能人才培养方面的国家目标,而且有实现目标的具体配套措施,因此我们可以《劳动法》《职业教育法》为主导,建立一系列有关政策法规配套的高技能人力培养的法律框架,为应用型人才培养营造良好的政策环境。[44]

第二,进一步完善资格证书体系,搭建资格证书和学历文凭之间的立交桥,实现双证融通。

我国目前已经建立了符合自身需要的五级职业资格证书体系,但是社会对职业资格证书认可度不高,因此还需要进一步严格实行劳动准入制度,对劳动力的质量严格把关,同时还要搭建资格证书和学历文凭互通的立交桥,实现资格证书和学历文凭并重,完善高技能人才的成长通道。加强对在职人员的技能认证和考核,承认他们在以前工作中的认证,促进高技能人才的成长。

第三,确立以职业活动为导向,以职业能力为核心的教育培训和技能考核鉴定的原则。

英国的技能培养、资格证书的认证,都是能力水位的,有一套能力标准可以参照,把职业技能具体化为明确的能力标准,这样就把生产活动的规律具体化,用来指导整个职业教育培训体系,使职业教育培训有章可循,能力标准的制定有企业代表参与,这样培养出来人才的技能结构能够很好地满足企业的需要,同时资格证更能反映持有者的技能水平。因此我国可以借鉴英国的经验,确立以职业活动为导向,以职业能力为核心的教育培训和技能考核鉴定的原则,加快制定我国的能力标准,在制定职业标准的时候,明确职业特定技能、行业通用技能和核心技能。英国十分重视对普通技能和核心技能的培养,值得我们借鉴,我们可以参照国际经验,建构我国职业教育的核心技能模块,如:交际能力、读写算能力、问题解决能力、团队精神、英语应用能力等,这样不仅满足企业现在的技能需求,同时也为高技能人才的职业生涯发展、技能的不断提高和更新打下基础,使他们有能力应对不断变化的世界。

第四,充分发挥企业在高技能人才培养中的主导作用。

英国在高技能人才的培养政策的制定过程中,在对高技能人才的培养过程中和对资格证书的考核、认证过程中,都充分发挥了企业的主导作用。由于制度、文化等多方面的原因,目前我国企业投资职工技能培训的积极性不高,原因之一,就是有些企业害怕投资了技能培训后,人才外流,给企业造成损失。英国的行业技能协议,在这方面值得我们借鉴,其与企业达成协议,共同投资技能培训,减少企业投资的风险,让企业看到投资后的回报,这样对高技能人才的培养和使用都有利。因此,我国的高技能人才培养政策的制定,技能人才的培养,以及对高技能人才的认证、考核,整个过程中都应该有企业的参与,因为企业最知道他们需要什么样的人才。

第五,加大财政对高技能人才培养的投入。

开设技能人才培养专项资金项目,用于解决发展需要的高技能人才培训。将高技能人才培养专项经费列入中央财政和省财政预算,作为培养和奖励的专项补贴、特殊贡献的高技能人才政府津贴等。尽快提出企业内使用职业教育经费的措施,保证职业教育经费足额提取和一定比例用于技能人才培训。

(二)美国技术技能人才培养构建体系对我国的启示

近年来,中国高等教育改革与发展取得了巨大发展,发展速度明显加快,教学质量稳步提高。但是随着我国应用型高等院校的数量逐渐增多和学生的扩招,教学质量下降问题也逐渐凸现出来,与美国高等教育相比,中国的应用型本科教育还存在着很大的差距。[45]因此,我们要借鉴美国高等教育的成功经验,建立符合我国国情和高校自身条件的应用型人才培养模式[46]。

一是要加强专业设置建设。美国不少高校加强与企业的联系,单独建立有工业联络计划站,每年都召开工业联络会议,最大限度地与企业保持密切的联系。根据社会经济发展的实际需要,逐渐减少甚至淘汰那些不适合社会需求的专业,重点加强学校特色专业。注重各门学科之间的相互渗透、相互融合,增加跨学科的专业,促进了学生的全面发展。美国大学的教师充分地尊重每一个学生,既鼓励学生在课堂上积极参与有关教学内容的讨论,更鼓励学生在课外自主地学习、锻炼和提高。

二是要加强课程改革。应用型高校应普遍开设创业课程。美国大学对学生创业的指导是多方面、多时段的。目前,美国已有1100所高等学校开设创业教育课程。"有37.6%的大学在本科教育中开设创业课程,23.7%的大学在研究生教育中开设创业课程,38.7%的大学同时在本科和研究生教育中开设创业课程。美国许多学校的创业教育课程是围绕创业计划而展开的。我国应用型高校,"培养创新创业人才,具体实践就是开展创业教育",通过具体的创业教育培养学生的创新创业理论知识、实践能力、创新思维和创业主动性。

三是文理兼重。斯坦福大学要求所有的本科生都学习一年的人文学科导论课程。从人文学科导论各门课程的具体内容看,尽管每门课程各自的侧重点可能有所不同,但几乎每一门课都强调提出一个又一个问题让学生讨论,并尽可能地将文、史、哲学科知识综合在一门课里。比如"斯坦福导读",该课程包括"人文学科导论""科学和数学"以及"写作和批判性思考"等。

四是改革课堂教学方式。美国的高校教师在课堂讲授结束前,会布置一些参考书供学生在课后阅读,以巩固和扩充知识,为下次上课做好必要的准备。美国大学注重讨论、强调发现,给学生以独立学习的机会,让学生选择适合自己水平的学习速度。学生可以进行各种尝试,包括失败的尝试,以形成独立发现、独立思考、独立解决问题的能力,努力培养出宽口径、厚基础,具有创新型、复合型、应用型特征的人才。

五是改革考试模式。在课程的考核上,教师不能只满足于把问题讲清楚,更不能忽视对学生能力的培养。单一的考试方法模式不能反映出一个学生的真实的能力,在命题时,需要设计能够培养和开发学生能力的试题。在考试方法上,以全面衡量学生能力为前提采用多种的灵活方式,如论文式、研究报告式、开卷式、闭卷式、模拟实际情况式等。

六是注重学生创新创业能力的培养。美国国家科学基金会(NSF)于20世纪80年代初设立的“本科生研究经验计划”,就以工作站的方式接纳和资助本科生参与科研活动。美国的许多高校都十分注重对本科生创新创业能力的培养,如麻省理工学院推行的“本科生研究机会计划”、加州大学伯克利分校的“本科生科研学徒计划”和“伯克利贝克曼学者计划”、斯坦福大学的“斯坦福本科生研究机会”、加州理工大学的“夏季大学生研究计划”、纽约州立大学的“大学生研究计划”等,鼓励学生独立完成研究项目,为学生直接参与研究机构的工作提供机会。

(三)澳大利亚技术技能人才培养构建体系对我国的启示

澳大利亚全国统一认证的“培训包”、国家资格框架和质量培训框架互相结合,构成了独具特色的终身教育体系。[47] 澳大利亚对职业与继续教育内涵的深刻理解,对职业教育与社会关系处理的明确思路以及政府的有力领导和扶持,对我国创建终身教育体系和学习型社会提供了有益的启示和借鉴。

国家教育体系方面,澳大利亚职业教育通过职业资格等级划分职业教育内部层次,打通了普通教育、职业教育和高等教育的上升通道。我国职业教育目前可分为中等职业教育和高等职业教育两类,在办学定位二者区分不明显,衔接上还存在机制缺陷。转型时期,应用型地方本科院校办学应面向行业和区域经济发展,办学层次介于原有高职教育(专科)和省属普通高校(本科)间的本科职业教育,具有高等教育和职业教育的双重属性。事实上,我国职业教育定位区别的核心,在于一个是学历型职业教育,一个是培训和证书型职业教育,这种区别决定了二者发展模式和理念的不同。

人才培养目标定位方面,澳大利亚将职业教育定位于为满足社会需要、提供实用型人才。我国地方本科院校职业教育人才培养目标应定位于培养应用技术型人才,区别于高职教育的应用技能型人才培养。地方本科院校职业教育培养较强理论基础和实践技能与应用能力并服务于生产、建设、管理一线的应用技术专业人才。在职业教育机构方面,澳大利亚从原来学历与培训并重的机构逐步简化为侧重于培训功能职业培训机构。我国高等职业教育则承载了教育、服务和研究等多种功能,这弱化了职业教育为社会发展提供人才服务的功能,影响了高等职业教育与社会的衔接。

在教学内容方面,澳大利亚的"培训包"很好地将职业培训目标与行业技能需求相结合,为开展教育培训提供了指南和主要依据。"培训包"侧重于能力为本,通过考证与课程设置相互结合,为社会和行业培养真正需要的技术人才。

在职业资格证书方面,我国目前还未建立统一的资格证书体系,借鉴澳大利亚的"培训包"经验,将国家资格证书框架与能力标准直接联系起来,根据资格证书的等级倒推学生要达到的能力标准,课程体系建设围绕能力标准进行,开发有中国特色的"培训包"。

在教学形式方面,澳大利亚职业技术教育学院(TAFE)的技能培训课程多在生产、操作现场进行,甚至特殊岗位技能考核也在现场进行。其采取小班授课的方式,学员课堂参与度强,可根据学员个性化需求进行个性化定制,进行灵活的授课。

在教学方法和手段方面,职业技术教育学院(TAFE)的教学方法和手段灵活多样,教学方式包括面对面学习、工作现场学习、线上教学、远程学习、仿真模拟、混合式学习等。

为满足职业教育办学与企业、行业需求性的一致,澳大利亚职业教育引入行业、企业参与制定资格框架、质量框架和培训包的开发与建设。企业参与高等职业院校的直接管理,形成了"行业提需求+职业教育机构满足要求"的职业教育模式。学生毕业后能以最快的速度适应企业工作,掌握企业确实所需的技术和技能,形成一个良性循环。在我国高等职业教育发展过程中,普遍存在企业和行业参与度不高、高等院校与教育机构"一头热"的现象。发挥调动企业、行业参与高等职业教育发展的积极性,让企业更多地参与高校的管理和建设,参与课程建设和教学改革,积极开展具有实质性的校企合作办学项目,真正培养企业所需人才,达到"双赢"局面。澳大利亚职业教育十分注重对教师技能的培养,受聘TAFE学院的教师需具备良好的职业能力,拥有教师资格证书、相关职业资格证书及3~5年行业专业工作经验。受聘教师要与企业保持紧密联系,更新技术和提高技能,参加专业协会组织的各项活动,获取企业所需的最新专业知识、专业技能和专业信息并传授给学生。企业兼职教师到学校授课保证了授课内容与行业技术发展相吻合,保证了传授知识的实用性。目前我国本科院校也开始"双师型"教师队伍建设,要求教师拥有本专业的职业资格证书。但由于目前我国资格证书体系尚不健全,证书的权威性还得不到确实保障,有"证"无"能力"的现象非常普遍。真正"双师型"教师凤毛麟角,而且兼职教师队伍数量还很少。教育管理部门应针对职业教育的特点提出相应的要求,以形成符合职业教育要求的师资导向。

(四)日本技术技能人才培养构建体系对我国的启示[48]

目前,我国正在努力建设国家创新体系,培养技能型人才是其重要一环,而日本经验为我国提供了如下几点启示。

1. 加快完善职业教育的相关法律制度

日本职业教育体系错综复杂,为使各个时期各个类型的职业教育相互协作、相互补充,有效地提高职业教育水平,政府要进行协调。日本政府部门负责对职业教育情况进行整理分析、提出计划,对职业教育进行督导,有效地降低了学校、企业和机关进行职业培训的盲目性和投机性,使职业教育步入正轨。我国职业教育正处于高速发展阶段,但是由于缺乏相应的法律法规和统一管理,一些规模较小的学校往往显得心有余而力不足,如此下去职业教育恐难以步入正轨。因此,我国应首先加快完善职业教育相关法律和法规。

2. 政府加大职业教育政策的执行力度

政府应为职业学校特别是技工学校解决资金问题提供方便,可以考虑从四个方面入手:一是设立专项资金,有条件的地方政府可以考虑增加此项财政预算额度;二是联合技能人才需求较大的企业,实行政府、企业、技工学校三方筹资;三是鼓励各种经营实体、商业机构、社会团体、各种形式的外资等投资职业培训;四是举办多种形式的社会活动来筹措社会闲散资金。

3. 推进技工学校教育管理体制改革

若想创新改革,促进职业教育发展,一方面需要推进政府管理体制改革,完善政府主导、分级管理、市场引导、社会参与的职业教育管理体制,由"严格管理型"政府转型为"优质服务型"政府,对职业教育由直接管理转型为宏观引导,尝试职业教育办学、管理与评价职能分立管理机制的改革。此外,还应改革公办学校办学体制,支持公办职业学校的整体改制或以股份制形式吸纳社会资本,建立产权清晰、办学自主的现代职业学校制度,依法保障学校在学校建设、专业设置、招生就业、教师聘用及经费使用等方面享有充分自主权。

4. 政府协助完善职业培训体系

政府应充分发挥调动职业培训体系内各要素的能动性的协同作用。要打破重理论讲授、轻能力训练的培训模式,可以从以下三方面入手:一是充分发挥职业培训体系内部各要素的能动性,提高实验指导教师、实习指导教师的职业素质;二是提供必需的实训设施与设备,建立现代化、多功能的公共实训基地并力争面向全社会培训机构免费开放;三是探索引进国际一流的培训与论证机构。

5.选拔核心技能型人才进行重点培养

启动技术技能人才培养工程。日本在确定重点选拔行业、培养对所选拔的核心人才及培养类型、培养方法方面的独到之处值得借鉴。首先,调查最为紧缺的核心技能型人才和未来几年内可能紧缺的技能岗位行业;其次,在具有 10~15 年相关经验的优秀技能人才中,采取考核、测试、实际操作、比赛、评委打分等方式,选拔人才进行重点培养;最后,对选拔的 500~1000 名紧缺技能型人才进行重点培养,如派送到异地先进企业免费学习,或者公费派遣到美国、日本、德国等发达国家学习先进的技能和技术。

6.营造提高技能型人才社会地位的氛围

政府要引导社会加快转变传统的、狭义的职业教育观念,确立涵盖职业教育、技术培训在内的教育终身化、发展产业化、运作市场化、投资多元化和竞争国际化的大职业教育观念。勇于破除区域行政壁垒,从经济社会发展需求的角度,以联动、协同、共赢的新思维,统筹区域职业教育发展。举办各种技能比赛,给予优胜者表彰和奖金奖励,营造全社会尊重技能型人才的社会氛围。

7.设立健全切实的技能评定制度

日本实行的职业资格考试制度为职业培训提供了量化标准,有效地调动了学员学习的积极性。完善的证书制度有利于学生在毕业时能兼取毕业证书及技术师证书。我国政府应建立以企业需求为导向的职称评定机制,确保各职业所鉴定的内涵符合产业界当前与未来发展的需要,职业评定要与企业培训有机结合,给予鉴定合格者特别待遇,也可以实行企业内部鉴定认可制度。

8.建立企业参与的金融支持机制

建立鼓励企业积极参与职业教育的金融支持机制,可以从三个方面着手:一是减免积极在企业内培训员工技能的企业的税收;二是对于积极参与职业培训企业在信贷方面提供优惠政策;三是建立企业教育培训投资的补偿机制。

(五)加拿大技术技能人才培养构建体系对我国的启示

比照加拿大社区学院技能型人才的培养模式,我们认为,应该从以下几个方面完善我国高职、高专教育制度。

1.积极发挥政府在高职、高专教育发展中的作用

高等教育的发展离不开政府的大力支持和扶持。[49]结合加拿大职业院校技能型人才培养工作的做法和经验,我们认为主要应该从以下几个方面着手解决:第一,要为高职、高专教育创造良好的体制环境。2000年教育体制改革后,各类职业院校由于脱离了原有的行业优势和办学优势,在专业和课程设置上忽视了自身的办学条件和优势,实际形成了全面开花的格局,结果各院校专业和课程设置趋同,结构上千校一面,很难形成自己的特色。职业教育院校是面向生产第一线办学,离开相关行业或企业的支持,无法培养适合生产第一线需要的技能型人才。因此,应该大力提倡行业办学或企业办学模式。第二,实施立法支持。政府应该对高职高专院校人才培养工作从法律上进行规范,制定类似加拿大的《技术和职业训练支持法》《人力训练计划》《技术和职业训练支持法》等相关法律制度。这样,不论是地方院校还是行业或民办院校,只要符合相关法律条件的要求,就可以在政府资助下实施技能型人才培养的职业教育;不符合法律规定条件的,坚决限制其发展。第三,实行行业或企业资助政策。鼓励行业、企业从自身发展的需要出发,积极参与职业教育。例如建立国家级或行业职业教育基金,对那些符合行业发展特点的院校开办的专业或课程,通过职业教育基金进行资助,从而引导学校朝着符合经济和社会发展需要的方向办学。这样,学校既可以依托行业生存和发展,又不会过分依赖行业,更有利于按照行业发展的要求进行技能型人才的培养。第四,完善学校自主办学机制,减少政府对学校自主办学的干预。2000年以后,由于所有高职高专院校全部收编到政府教育主管部门,实行统一管理,虽然从制度上鼓励自主办学,但是学校自主发展依然存在许多困难。因此,政府应该采取更为灵活的政策,鼓励学校采取灵活多样的办学形式,留给学校更大的自主发展空间。第五,落实政府监督职能。近年来,我国实行了高职高专院校人才培养工作的水平评估,但现有的评估还带着明显的行政化的色彩。我们应该借鉴国外的经验,使评估工作职业化,只有这样,才能确保评估的客观公正。[50]

2.加强高职高专院校内部体制改革,适应高职高专教育发展的要求

一是从办学体制、办学模式等方面进行彻底地改革,以适应高职院校技能型人才培养的要求。学校应该准确定位自己的培养目标,并依据培养目标,选择能既发挥自己的优势,又符合培养目标要求的灵活办学体制和办学模式,这种模式应该与本科教育有明显的区别,但又要避免与其他同类院校的简单重复,真正突出自身的理念和特点。二是改变现有的专业、教学计划制定、课程设置方式和教材选用制度。要紧紧围

绕地方经济和社会发展的要求,加强与行业或企业的联系与沟通。专业建设要紧跟地方经济与社会发展的实际,实行动态管理;课程设置可以借鉴加拿大的经验,增大课程范围,给学生更大的选择空间,同时,加大实践教学的比重,强化基本技能训练;依照就业岗位的技能要求选择适用教材,最大限度地缩短学校与社会的距离,实现毕业生的"零培训"。三是改善办学条件,为技能型人才的培养打好基础。连续几年的扩招,使许多高职高专院校的办学条件、教学资源非常紧张。因此,下大力气改善办学条件成为各高职高专院校的当务之急。学校除了依靠自身条件或向政府申请资助外,还可以通过和企业合作办学等方式改善办学条件。四是努力改善师资结构,加大兼职教师比重。在西方发达国家,职业院校教师分为专职和兼职两种,其中,兼职教师往往是学校教师的主力,许多国家兼职教师占教师总数的50%,有的甚至更多。按照教育部《高职高专院校人才培养工作水平评估方案(试行)》的要求,兼职教师的比例为10%即为合格,这个规定和国外相比,还存在很大的距离。实际上,我国现有的高职高专院校连这个比例都难以达到。因此,在师资队伍建设中,结构性建设的任务依然很重。五是进一步强化教学质量保障机制和评估体制建设。目前,我国各高校基本都按照教育主管部门的要求,建立健全了由教学督导、教学部门和学生评教组成的三级教学督导工作体系,可以说,已经基本建立起了完善的教育教学质量监控体系。实践证明,这个体系的建立,对推动学校提高教学质量起到了应有的作用。但是,由于各学校条件的不同,教育教学质量监控体系的建立和运行进一步完善的空间还是较大的。六是要努力在办学特色上下工夫。在职业教育中,技能型人才的培养工作实际就是专业化教育,专业化正是面向特定行业和特定岗位的,因此教育过程也就必然体现出教育教学的特色。就我国高职高专院校来说,千校一面的状况是绝对不可取的,没有特色就不会有优势,没有优势就谈不上生存,更谈不上发展。

3. 转变办学观念,构建适合技能型人才培养的办学模式

大力发展高等职业教育,是教育大众化的基本特征,而为社会培养高级技能型人才,又是高等职业教育的根本任务。我国高等教育由精英教育向大众化教育转轨以后,以高职、高专教育为基础的高等职业教育逐步成为主体教育。为适应这种发展趋势,必须积极转变办学观念,尽快建立适合技能型人才培养的高等职业教育办学模式。转变教育观念,为技能型人才培养创造良好的社会环境。教育转轨要以观念转轨为基础,要以社会认同为前提,为此,必须牢固树立以下观念:第一,升学与就业的观念。大众化教育不仅表现为受教育人数的扩大,更主要表现为受教育层次上的改变,社会大部分学生将主要接受职业教育,而不是传统的本科教育或准本科教育。从就业层面上看,高职、高专教育是面向岗位的教育,学生就业的主要方向也是基层生产和业务部门,而不是集中在管理机构和研究机构。第二,为大众服务的观念。必须明确高职、高专教育就是要培养学生的能力和技能,背离了这一点,高职高专教育将失去广大的群众基础和社会基础。第三,大众参与的观念。在大众化教育的前提下,职业教育办学模式应该大众化,让大众、让社会更多地参与和支持办学。

要逐步建立和完善以就业为导向,产教结合、工学结合的人才培养模式。和精英教育相比,高等职业教育是更贴近社会的教育。我国目前仍处在大众化教育的初期,尤其是以职业技能教育为基础的高等职业教育正处在起步阶段,积极探索建立和完善与社会接轨的高等职业教育模式,是未来一段时间内我国高等职业教育面临的重要课题。第一,以行业和岗位技能需求为目标,进行课程结构的调整。各高职高专院校应该积极改变原有培养方案的制定方式,逐步实现由以专业和学科为本位向以职业岗位和就业为本位的转变,由传统的偏重学生知识的传授向注重就业能力提高和综合职业素质培养转变,逐步形成内部体系完整、外部关系协调的产学结合教学机制。第二,突出实践教学,强化实训基地建设。高职高专院校的实践教学要以行业或企业为依托,通过产学结合的方式,建立、完善校内和校外两个实验和实际训练基地,为实践教学活动的开展提供良好的环境保障,使其成为构建具有中国特色的高等职业教育的新亮点。第三,积极创造条件,大力推进工读结合。要完善管理办法,为工读结合提供强有力的制度保障。从学校方面来说,建立健全有利于工读结合的学籍管理办法和学生成绩考核管理办法,同时还要为参加工读结合的学生制定提供合理报酬和津贴的政策;从企业方面来说,要为参加顶岗实习学生提供必要的岗位,为学生顶岗实习提供便利,同时要加强企业顶岗实习学生的管理,做好学生实习中的劳动保护和安全工作[51]。

第三节　我国技术技能人才培养保证体系的研究现状

2019年,在党中央、国务院领导下,教育系统坚持以习近平新时代中国特色社会主义思想为指导,深入贯彻党的十九大和十九届二中、三中、四中全会精神、全国教育大会精神以及党的教育方针,全面落实《中国教育现代化2035》和《加快推进教育现代化实施方案(2018—2022年)》,加快推进教育现代化,建设教育强国,办好人民满意的教育,各级各类教育事业发展取得了新进展。[52]

近年来我国各类技术技能人才规模发展变化见表3-3-1所列。2011年,成人本专科招生人数第一次突破 3000 万;继续教育人数也继 2016 年大幅下降后,进一步回升,逼近 600 万参考者。

在我国现行的教育体制下,高考统招是高等教育选拔的主流方式。而对于想要进一步提升学历的社会在职人员,只能选择继续教育,包括高等教育自学考试(简称自考)、成人高考以及国家开放大学等途径来实现自我提升。

2016 年,教育部发布《高等学历继续教育专业设置管理办法》,对高校高等学历继续教育的办学层次、类型、规模、质量等做出更加规范的要求。高等学历继续教育的社会认可度和含金量提升,在政策保障、需求旺盛的背景下,越来越多的人选择通过继续教育来提升学历,增强自我竞争力。[53]

2019 年普通本专科招生 914.90 万人,比上年增加 123.91 万人,增长 15.67%;其中,专科招生人数增长 114.8 万人,增长 31.13%。事实上,名为大学扩招,实为"高职扩招"(专科现在通常指高等职业教育的专科学历教育,即高职):继 2019 年高职院校扩招 100万人后,2020 年宣布再次扩招 200 万。与此同时,多年来缓慢下降的中等职业教育招生人数,在 2019 年首次出现增长,恢复到接近 2015 年的水平。专科及中等职业教育招生人数的上涨,说明国家对职业教育的重视程度在增强。

2019 年以来,国家各种政策文件多次提及职业教育,《国家职业教育改革实施方案》更是吹响了职业教育黄金发展期的号角,将职业教育和普通教育置于同等地位。

但在中国当前的国情下,社会对职业教育的认同感并不高。用人单位在招聘时,更侧重面试者的学历层次。扩招的数百万人,在完成其职业教育学习后,仍然需要寻找进一步提升学历的渠道,来增强自己的就业竞争力。

表 3-3-1　我国各类技术技能人才规模发展变化(2011—2019 年)　　　　单位:万人

类别	年份								
	2011	2012	2013	2014	2015	2016	2017	2018	2019
高等教育	3167	3325	3460	3559	3647	3699	3779	3833	4002
职业教育	813.87	754.13	674.76	619.76	601.25	593.34	582.43	557.05	600.37
继续教育	922	853	766	721	725	504	470	544	596
人才交流	33.97	39.96	41.39	45.98	52.37	54.45	60.84	66.21	71.20

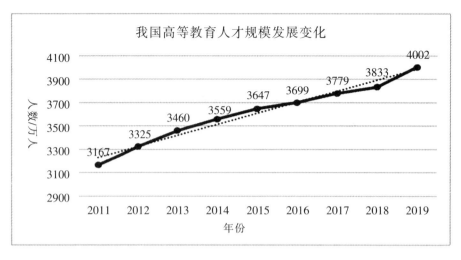

图 3-3-1 我国高等教育人才规模发展变化

2019 年中国各类高等教育在学人数总规模 4002 万人,高等教育毛入学率 51.6%。全国共有普通高等学校 2688 所(含独立学院 257 所),比上年增加 25 所,增长 0.94%。其中,本科院校 1265 所,比上年增加 20 所;高职(专科)院校 1423 所,比上年增加 5 所。全国共有成人高等学校 268 所,比上年减少 9 所;研究生培养机构 828 个,其中,普通高等学校 593 个,科研机构 235 个。普通高等学校校均规模 11260 人,其中,本科院校 15179 人,高职(专科)院校 7776 人。[54]

图 3-3-2 我国职业教育人才规模发展变化

"十三五"规划提到"2020 年普通本专科在校生达到 2655 万人",结合"普通专科在校生达到 1480 万人"来看,2020 年普通本科在校生需达到 1175 万人。2017 年的统计数据显示,普通本科在校生为 1649 万人,已经超出 2020 年的预期人数。近 15 年来本科招生人数扩张迅猛,自 2009 年至今,普通本科招生人数　直高丁专科,至 2017 年普通本科和专科的在校生比例为 6∶4。近几年本科人数虽然保持快速扩张,但存在严重的结构性人才不足的问题,学生就业压力不断增大,但用工市场技术性人才十分短缺。职业教育试点对提高学生专业技能、适应未来工作需求,匹配经济转型背景下的用工需求具有极大的现实意义。[55]

　　我国职业教育未来仍有广阔的发展空间。第一,我国处于产业升级阶段,第二和第三产业所占比例逐渐上升,同时伴随城市化和人口年龄结构老龄化过程,这对人才提出不同和更高的需求;第二,我国政府大力支持职业教育发展,近年来关于职业教育的财政支出不断增长,支持政策密集出台;第三,职业教育市场近年来资本运作频繁,各类教育资产纷纷登陆港股或美股,或借壳 A 股上市公司,教育板块资本运作迎来迅猛发展阶段;最后,意识形态上,政府、企业、社会对职业教育的认知度和认可度都在逐渐提升。尤其随着新兴消费形式出现,职业教育和职业培训均需与时俱进。职业教育与培训被很多政府和企业视作提升劳动生产力、获取国际竞争力的重要手段。[56]

图 3 - 3 - 3　我国继续教育人才规模发展变化

　　我国高等学历继续教育的在校学生人数从 2014 年的 1280 万人小幅增至 2018 年的 1420 万人,2014 年至 2018 年的年复合增长率为 2.6%。中国学历继续教育的在校学生人数预计将于 2023 年增至 1820 万人,2018 年至 2023 年的年复合增长率为 5.1%,受成人高等教育课程及网络高等教育项目的在校学生人数的预期增长共同驱动。

　　受进修及培训在校学生人数增长的推动,中国高等非学历继续教育的在校学生人数从 2014 年的 730 万人增至 2018 年的 990 万人,同期年复合增长率为 7.9%。鉴于预计越来越多人选择进修及培训以取得职业证书或工作相关资质,中国高等非学历继续教育的在校学生人数预计在 2023 年将进一步增至 1340 万人,2018 年至 2023 年的年复合增长率为 6.2%。[57]

我国高等继续教育行业推动因素包括:

第一,人们对教育水平越发重视:人们广泛认可高等教育能带来更多更好的工作机会。对于不能通过高考等传统方式接受高等教育的学生而言,高等继续教育为其接受高等教育的捷径。为了提高教育水平和工作前景,越来越多的成年人选择在国内接受高等继续教育。

第二,有关教育背景和专业技能的工作要求:随着中国经济的迅速发展,几乎所有行业在过去数十年都历经了长足发展。我国产业的发展升级对专业人才提出了更高更新的要求。教育背景和专业技能成了关键的工作要求。高等继续教育为没有高等教育背景的学生提供了攻读学位以满足工作要求的机会。此外,对于上班族而言,高等继续教育让其有机会通过磨炼其专业技能或取得相关证书及资质的方式提升其在就业市场的竞争力。

第三,技术的进步:互联网相关技术的进步推动中国高等继续教育的发展。网络高等教育消除了传统线下教育的位置和时间安排的限制,允许学生通过互联网接受远程高等教育。由于网络高等教育的便捷性,学生能利用非工作时间接受高等教育,而不必参加线下全日制课程。此外,网络高等教育能为学生提供全国性的高等教育资源,学生在选择课程时有更多选择。

2017 年中国出国留学人数首次突破了 60 万大关,达 60.84 万人,持续保持着世界留学学生人数最多的国家。除此之外,留学生回国就业人数较 2016 年增长 11.19%,达到了 48.09 万人。其中获得硕博研究生学历及博士后出站人员达 22.74 万,同比增长 14.90%。随着国家人才政策的不断完善,越来越多的中国留学生选择回国发展。各地也在积极引进人才,留学人才备受青睐。广州、青岛、郑州、佛山、东莞、无锡等多个城市放宽非户籍人口落户要求,吸引留学归国人员。

图 3 - 3 - 4　我国人才交流规模发展变化

据统计,改革开放四十余年来,各类出国留学人员累计已达到519.49万人。截至2018年初,有145.41万人正在国外进行相关阶段的学习和研究。然而在留学后就业方面,高层次人才回流趋势明显,有313.2万名留学生在完成学业后选择回国发展,这部分留学生人数占已完成学业留学生总数的83.73%。据调查,当问及留学的成本多久能收回的时候,有7.2%的留学生表示只要一年,22.5%的留学生表示要1~3年,35.9%的留学生认为要3~5年,也有10.3%的留学生表示需要10年以上。还有一些留学生认为,"留学回本慢"是正常的,但留学的价值不完全体现在毕业后的收入上。一位有七年留学经历的学生表示,出国留学得到的无形财富太多了,不是金钱能够计算的,留学期间的人生经历、多文化的熏陶以及独立生活和解决问题的能力,都是未来在社会上生存和发展的软财富。

从就业状态看,72%的海归人员已经找到工作,16%的海归正在找工作,5%的海归正在创业。在海归人员就业工作方面,海归就业主要集中在民营企业和外资企业,其中36.1%的海归最终在本土民营企业就职,26.7%的海归最终在外资企业就职,13.5%的海归选择国有企业。

从海归群体的现居住地来看,"北上广"是海归人才竞争中的受益者,海归人才总占比达到46%以上。有额外12%、8%和6%的其他生源地海归群体迁移到这三个地区。北、上、广、深这些经济发达的一线城市除自身的吸引力外,还发布了很多面向海归群体的优惠政策,如创业优惠、购车优惠、门槛较低的落户政策,等等。在国内各省市的人才争夺大战里,海归群体成必争群体。

表3-3-2 我国技术技能培养人数与其他国家的对比分析(2011—2019年) (万人)

类别	年份								
	2011	2012	2013	2014	2015	2016	2017	2018	2019
英国	200	200	210	210	210	220	220	220	220
美国	1500	1600	1600	1600	1700	1700	1800	1800	1800
澳大利亚	200	210	210	210	220	220	220	220	220
日本	370	380	380	390	400	410	420	420	430
加拿大	220	240	240	240	250	250	260	260	260
中国	4936.8	4972.0	4942.1	4945.7	5025.6	4850.7	4892.2	5000.2	5269.5

第四章　研究方法

第一节　文献分析法

文献分析法主要指搜集、鉴别、整理文献,并通过对文献的研究,形成对事实科学认识的方法。文献分析法是一项经济且有效的信息收集方法,它通过对与工作相关的现有文献进行系统性的分析来获取工作信息,为研究寻找相关理论并明晰研究思路。

第二节　比较研究法

对高技能人才模式的构建要运用比较研究法,是借鉴而不是照搬。在比较国外发达国家高技能人才培养模式的基础上,结合我国实际情况,探索出一条适合我国高技能人才的培养道路。

第三节　个案分析法

本研究报告选择新加坡南阳理工学院为案例研究对象,新加坡南阳理工学院采用"教学工厂"的实践教学方法,这种融学习、实训、生产为一体的组织形式获得了初步成功,为解开校企合作的内核进行了有益探索。案例详细描述了这种组织形式的来源、在S学院的组建过程和类型、"教学工厂"的结构与功能以及这种组织形式的运作实效与运作过程中的问题等。

一、新加坡南洋理工学院（NYP）的范式

教学工厂（Teaching Factory）是新加坡南洋理工学院（NanYang Polytechnic,简称NYP）把国际先进的校企合作办学理念本土化的成功尝试。[1]它将工厂环境引入学校,在校内建起技术先进、设备完善、环境逼真的教学型工厂。教学工厂的目的在于解决至今仍困扰一般高校的办学难题,即如何试图在学校内部营造一个典型的企业环境,

并通过教与学紧密结合的办学模式,使实践教学工作不依赖于企业界,在校内即可实现理论教学与实践教学的有机结合,最终达到培养学员的实践能力、提高学员职业素养的目标。

新加坡南洋理工学院成立于1992年4月,内设工程学院、信息科技学院、设计学院、工商管理学院、健康科学学院、化学与生命科学学院、互动与数字媒体学院七大学院,在校生约1.3万人,其中海外留学生约占9%。该学院主要培养与训练未来的工程技术型人才,以支撑未来新加坡社会的科技、经济与社会文化的发展。该学院以市场导向策划、灵活培训系统、专业能力开发、跨国界合作伙伴、应用与开发型培训、区域与国际化导向六项办学策略为鲜明特色,极为注重了解企业的运作,找准就业市场的需求,密切与企业和劳动市场合作,按照市场经济的要求促进教学的开放性、针对性和多样性,采取灵活学制和灵活学习形式,坚持学历教育和中短期培训并重。

新加坡南洋理工学院创办初期,新加坡政府希望借鉴德国成熟的"双元制"的教学模式,培养学生的实践能力。但是,由于两国国情不同,新加坡的企业规模小,没有专门的具有相当规模的培训中心,难以完成高质量的技能培训工作。学院创始人创造性地提出将学校、企业二元合一,构建教学工厂这种适合现代科技发展和职业技术教育需求的新加坡模式。

根据这一构思,新加坡南洋理工学院将现代工厂的经营、管理理念引入学校,为学习者提供与企业相似的培训环境和经验学习环境,把教学和工厂紧密结合,把学校按工厂模式办,把工厂按学校模式办,使学生得以在一个近乎真实的环境中学习必需的各种知识和能力。

可见,教学工厂是学院制的,而不是企业培训制的,它是在现有的教育系统(包括理论课、辅导课、试验课及工业项目等)的基础上建立起来的。教学工厂模式将职业教育与企业有机地融为一体,表现为校企双方围绕着具体的、实际的生产项目紧紧地结合在一起,这是一种深层次的产学结合模式。教学工厂的活动以学校为主体,学校全面负责设计和组织整个教学活动,培养学生的综合能力是整个活动的中心;以企业实际需要为导向,并围绕企业的实际需要选择教材、组织教学,在企业的实际项目开发中培养学生的实际能力。这种教学模式被各理工学院广泛采用,几十年来为新加坡经济发展培养了大量具有多元技能的人才。教学工厂已成为有新加坡特色的双元制,推动了新加坡高职教育的发展。

可以说,教学工厂是校企合作比较深入的一种形式,将企业纳入学院人才培养体系,成为和学院并列的人才培养主体。在教学工厂中,通过企业与学校共同参与实训软硬件建设,共同实施生产性教学,共同参与生产与项目开发,共同营造企业化的校园文化等全方位合作,实现教学环境与企业生产环境的高度融合,让师生在真实的生产环境中共同参与生产的各个环节,为学院"工作过程系统化课程"的开发与项目教学的具体实施提供良好的条件,实现由学院学生到企业优秀员工的零时间角色转化,真正为企业培养高素质技能型人才。

二、S学院借鉴 NYP 教学工厂型人才培养模式

(一)S学院教学组织形态与管理

S学院建校伊始,就着力引进新加坡南洋理工学院的教学工厂型人才培养模式,旨在通过强化生产性实训条件,引进企业的管理方式与企业文化,营造出真实的企业生产环境,并结合项目,强化师生的实践能力与创新能力,为外资企业培养高素质技能型人才。

S学院仅仅一年时间就使具有独立法人资格的机电专业的 WZ 科技公司、数控技术专业的 LJ 模具公司、SW 吉特、YwT 科技、软件专业的 SH 数码、BX 信息、商务管理专业的 MT 科技、影视动漫专业的 TS 动画、JJ 多媒体9家公司成为教学工厂。这些教学工厂按照、法律规定实行工商登记,均为企业法人。按照股权结构这些教学工厂可分为学院独资、学院合资、企业引进校园三种形态。

1. 学院独资教学工厂

商务管理专业的 MT 科技、影视动漫专业的 JJ 多媒体2家教学工厂完全由学院投资、管理、运行,分管副院长担任董事长,相关系部主任担任总经理。这类教学工厂本身就是生产实训室,把学生实训与企业生产有机结合在一起。企业能够做到营收平衡,对学院而言节约了实训开支,真正实现了变消耗性实训为生产性实训。若有盈余,30%用于奖励系部,其余则投入教学和改善实训条件。这类教学工厂因为是学院独资经营,实训安排是最重要的目标,所以,作为教学组织的色彩比较浓厚,能够实现自身财务平衡即可。

2. 合资教学工厂

数控技术专业的 YwT 科技与软件专业的 SH 数码2家企业为股份制公司,学院以场地、实训设备或者无形资产作价入股,一般不超过公司股权的30%;合作方投入资金并负责日常运作,双方成立董事会,实行董事会领导下的总经理负责制。学院方分管副院长作为学院股东进入董事会,担任副董事长,相关专业负责人担任兼职技术副经理进入管理层。这类企业以经营为主,兼及学生的实训,企业盈余完全按照股权分配。

3. 企业引进校园

其余5家公司都是独立设置的法人实体,学院不占股份,而是利用学院场地和公共服务,把企业引进到校园中。企业除完成规定的实训任务外,每年向学校上缴一定的管

理费用,作为场地租金和物业服务费用,或以设立奖学金的方式回报,学院不干涉其日常运营。引进这类企业主要是为了在校园内营造真实的企业环境,利于学生养成良好的职业习惯。对于初创的小企业而言,这样能够节约公共管理与服务,借助学院的良好声誉容易取得客户信任,开拓市场,产品成本也会低于在工业小区内租场地经营。在法律许可的范围内,还可以享受一些校外企业享受不到的优惠政策。

教学工厂成立时,学院都与之签订合作协议,明确教学工厂的体制、目标考核和功能定位,尤其要突出"教学"功能。当然,在三类不同的教学工厂中,其实训教学的责任是不同的。教学工厂中的实训安排由学院专业主任负责实施,与教学工厂负责人协商制订详细的教学计划,课程安排尽量避开生产高峰,实行弹性教学安排。以小班为单位,严格按照课程计划,进入教学工厂各实训室,进行实训。生产则由企业负责人具体实施,学院按照协议提供资源支持。这样,校内教学工厂产权关系明晰,运行主导角色明确,有利于企业的正常运作。据统计,9 家教学工厂每年可以提供的实训课时为 36000 人/日,较好地发挥了校内生产性实训的功能。

为了顺利协调教学工厂生产与教学的矛盾与冲突,成立教学工厂组织机构是非常必要的。顶层成立由院长和教学工厂总经理参加的理事会,中层有系主任和分管副总经理组成的实训管理中心,系部有教学副主任和企业部门经理组成的实训指导小组,具体负责学生的实训与企业的生产安排。组织架构见图 4-3-1。

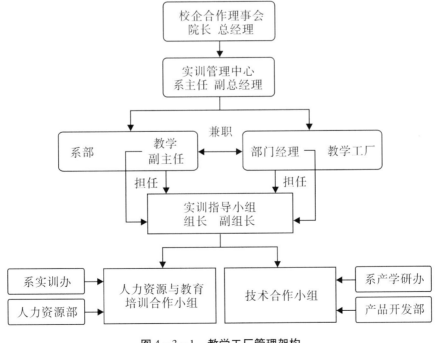

图 4-3-1 教学工厂管理架构

S 学院教学工厂制度为学院提供了真实的生产产品、真实的生产过程、真实的职场氛围和真实的企业文化,实现了消耗性实训向效益性实训的转变。这一制度培养了学生实践能力、顶岗能力和就业能力,效果明显,是对校企合作模式的创新。

(二)教学组织布局与结构

理论教学、校内教学工厂实训和校外企业顶岗实习是 S 学院人才培养的三个阶段,大致可以分为第一年的理论学习在教室,第二年的专业课教学在教学工厂,第三年的顶岗实习在外企。所以,教学工厂的学习阶段是介于理论学习和顶岗实习之间的阶段,主要解决学生的技能提升。在教学工厂外部空间的布局上,既要满足生产工艺流程的需要,也要满足专业内部逻辑的需要,按照由低到高的岗位能力要求,将相关实训室(车间)整合成能够适应操作工、技术员、助理工程师等不同层级岗位能力训练的实训体系。以机电一体化和数控技术两个专业实训室布局为例,如图 4-3-2 所示:

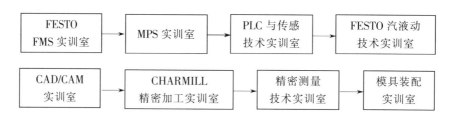

图 4-3-2 机电一体化专业/数控技术专业实训室分布图

就机电一体化专业而论,核心课程有气动技术、液动技术、PLC 技术、传感技术、MPS 技术。在实训室设计时,考虑到技术的整合,将气动液动合二为一,把 PLC 和传感技术合并,经过 MPS 的整合训练,最后进行 FMS 柔性制造技术的提升,完成机电一体化专业人才从机器操作、系统调试、设备维护、程序开发的功能性训练。这也是 WZ 科技进行机电产品研发和调试的几个主要步骤。从内部环境来看,教学工厂按照现代企业真实生产环境和管理运作的特点,在职业环境、工位设置、操作流程、人员配置以及环保与安全要求等方面融入真实的生产要素,以真实生产定单作为教学的载体。气液动技术实训室布局如图 4-3-3。

S 学院的教学工厂以先进技术制造为核心,电子类专业注重微电子技术运用,信息类专业注重数据通信技术运用,机电类专业注重设备维护技术运用,制造类专业注重高精度零件的生产与装配,商务管理类专业注重企业化的管理技术运用,艺术类专业注重动漫设计,形成了具有工厂级的生产与管理情景,让学生在综合的、多功能的、真实的生产环境中"做中学""学中做",培养专业技术的综合运用能力。

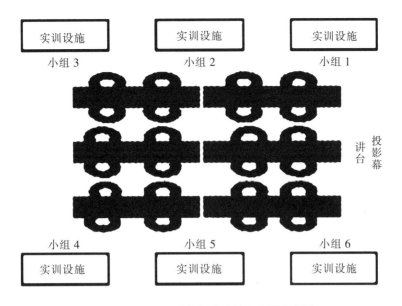

图 4 - 3 - 3 WZ 科技气液动技术实训室布局

教学工厂营造了理论与实践高度融合教学环境,依托教学工厂中实际的企业环境,结合实施项目教学,将理论与实践合二为一,将教学与生产实际、产品的开发研究等融为一体,让学生在真实的企业环境中进行实战训练,学习企业经营与管理经验。学生在"做中学",学以致用,教师在"做中教",理论联系实际,有效提高了学习效率和教学效果。

第一,推动了"虚拟团队"和双师队伍的建设。S 学院依托校内教学工厂和校外实习基地的董事企业,在五个重点建设专业实行"学院 + 企业"的双带头人制度,形成虚拟骨干教学团队,并以教学、课程开发、项目研发为载体造就一支专兼结合、具备双语教学、实训指导、项目开发能力为一体的"三维复合型"专业骨干教学团队。

机电技术、数控技术两大主干专业,专业教师招聘一直面向企业,双师素质的比例在 85% 以上,外聘企业兼职教师比例相对较低,分别为 34.7% 和 37%。微电子和软件专业教师招聘难度较大,外聘兼职教师比例较高,软件技术专业因为有校内教学公司"石猴数码",比较好地解决了双师问题,专兼比例均超过 1∶1。以上数字仅限校内教学和项目研发,不含顶岗实习指导教师。据不完全统计,各系聘请校外实习指导教师的人数总计超过 450 人,平均每 4 名实习生有一名指导教师。此外,S 学院还建立起 11 个专业建设委员会,主要成员也是来自企业,主要职责是为学院的专业开发和人才培养计划的制订出谋划策。

第二,加快了基于工作过程的课程改革。根据教学工厂工作岗位的实际工作任务,对课程体系进行重组,构建了基于完整工作过程的课程体系。自 2004 年以来,以教学工厂为依托,已经开发精品课程22门,其中国家级2门,省级5门,校级15门。

第三,强化了学生的职业素养教育。习惯在于养成,文化在于培养。教学工厂所营造的企业氛围,增强了对学生职业素养的熏陶。尤其是在教学现场管理方面,参照企业适用的5S管理制度(具体内容为整理、整顿、清扫、清洁和素养),让学生拥有自我管理、勤俭求学、持之以恒的良好品质,让学生毕业后走上生产岗位,在最短的时间内适应企业的管理制度,在真实的工作过程中,培养学生的质量意识、节约意识、团队意识。2007年,在YwT公司实训的L同学,因为在模具表面清洁工序上没有认真处理,造成一批产品在海关被退回,造成大约2万元的经济损失。他在实训报告中说:“平时课堂上老师反复讲QC,QA等质量意识,一直没有听进去。没想到这一点的疏忽给公司造成巨大的经济损失,我决心在今后的工作中一定牢记质量要求,在每道工序上不存半点侥幸心理。”没有真实的工作环境和任务,就达不到培养学生全面职业素养的目的。

总之,教学工厂虽然始创于新加坡南洋理工学院,S学院却灵活地在借鉴中加以改造并本土化。林靖东院长在考察后感叹:“S学院的教学工厂在生产功能上甚至超过了新加坡南洋理工学院。”教学工厂打破了学院作为高职教育人才培养的单一主体,确立起“学院+企业”“双核”人才培养模式。企业和学校共同制定专业人才培养目标,共同参与专业设计和课程开发,保证专业的职业性与课程的应用性。学院依托教学工厂,完成学生的知识学习、技能训练和素质养成的任务,并借此实现了理论教学、校内实训、校外顶岗实习的有机衔接,形成一个校企合作的育人平台,深化了校企合作的模式。

第五章　天津市技术技能培养体系的构建研究与探索

第一节　天津市百万技术技能人才培训福利计划的实施

为深入实施人才强市和创新驱动发展战略,加快培养数以百万计的技能人才,实现天津市经济社会又好又快发展,建设美丽天津,天津市于 2015 年开始启动百万技能人才培训福利项目。

一、总体思路和目标

市委、市政府高度重视职业培训工作,将其作为提升就业质量、促进经济转型升级的重要保证。多年来,天津人不断加大资金投入,完善政府购买培训成果机制,加强培训实训机构建设,努力构建劳动者终身职业培训体系。但随着经济转型升级和产业结构调整,技能人才数量和结构不能很好地适应天津市经济社会持续健康发展的需要。因此,实施培训福利计划,创新职业培训模式,提高劳动者素质,对加快推进经济转型升级,推动京津冀协同发展和滨海新区开发开放,促进和稳定就业,增加居民收入,具有重要意义。

二、培训对象和内容

(一)企业技能岗位的中、青年职工

根据生产经营、科技创新和技术进步的需要,组织职工开展在岗培训、脱产培训、业务研修、岗位练兵等多种方式的职业技能提升和转岗培训,重点培养中、高级技能人才。

55

（二）职业院校或普通院校学生

围绕社会需求，深化产教融合，加强校企合作，强化专业设置与产业需求对接、课程内容与职业标准对接、学习过程与工作过程对接。全面推行学历证书和职业资格证书"双证书"制度，突出中、高级职业能力培养。技术技能类专业毕业生取得国家职业资格证书的比例达到90%以上。

（三）失业人员

符合就业条件未就业的新生劳动力，重点开展定向和订单培训，促进尽快就业；就业转失业的人员，重点开展适应职业转换需要的新技术、新技能培训，促进实现再就业。

（四）农村适龄劳动力

围绕城乡一体化发展的需要，重点开展转移就业技能和农业实用技术培训，促进就地就业和向非农产业、城镇有序转移。

三、实施方式

（一）发挥职业院校职业培训的主体作用

以海河教育园区为重点，着力打造一批职业教育国家级示范校和特色专业。职业院校学历教育要与职业培训并重，着力突出高技能人才培养；积极推行招生即招工、入校即入职、校企双师联合培养的"双轨制"职业教育培训模式，明确企业、学校、学生三方权利和义务；深化产教融合、校企合作，着力提升学生的就业能力。

（二）发挥企业职工培训的主导作用

企业要依托职业院校、培训机构，有计划有步骤地组织职工参加脱产、半脱产职业培训。有条件的企业要利用自身资源建立培训中心、技师工作站、技能大师工作室，自行开展培训。鼓励企业采取"企校双制、工学一体"的模式，通过企校合作与"师带徒"模式相结合，开展学徒培训。

（三）发挥民办职业培训机构的积极作用

鼓励和引导社会各类优质资源，发挥自身优势，积极兴办职业培训机构，围绕社会需求开展职业培训。

(四)加强公共实训体系建设

进一步强化市级公共实训中心示范引领作用。加快建设满足区域产业特点和需求的区县公共实训载体,并给予设施设备支持。通过政府购买服务的方式,在具备条件的行业、企业和职业院校遴选一批公共实训基地,形成布局合理、设施完备、功能齐全、运行高效的公共实训服务体系。

(五)实施"职业培训包"培训模式

依据国家职业标准,针对技术进步和产业发展要求,大力开发"职业培训包",将职业标准、教学内容、教学方式、教材、师资、实训、考核等内容规范化、标准化,形成"一体化"培训模式,实现职业培训由结果管理向过程管理转变,提高培训效率和质量。

(六)强化职业技能竞赛的选拔和评价功能

各区县、行业、院校和社会组织要积极组织开展职业技能竞赛。职业技能竞赛要与企业生产经营活动相结合,与新技术、新工艺、新方法推广应用相结合,与劳动者职业技能鉴定相结合,使职业技能竞赛成为技能人才选拔和评价的平台。

(七)提高师资队伍实践教学能力

建立和完善职业院校和培训机构专业教师定期到企业进行实践锻炼、企业技术技能人才到职业院校担任兼职教师的制度,加快提升专兼职教师的实践教学能力。职业院校和培训机构要安排专业教师定期参加培训和实践锻炼,培训进修和实践锻炼的时间每年不少于100课时。

(八)合理设置培训课时

培训课时应依据国家职业标准相关要求确定,各职业平均培训课时原则上为初级300课时、中级240课时、高级180课时、技师150课时、高级技师120课时。

四、技能鉴定和管理

(一)严格职业技能鉴定考核工作

坚持"培考分离"的原则,职业技能考核鉴定与职业培训活动要严格分开。职业技能鉴定考核工作由市人力社保局统一组织,统一命题、统一选派考评员、统一阅卷、统一核发证书,并在认定的职业技能鉴定机构和许可的职业(工种)及等级范围内进行。加强鉴定题库建设,市人力社保局要围绕产业转型升级对岗位技能的需要,适时更新和完善鉴定题库。加强考评员、质量督导员的选聘及管理,严格考评员、质量督导员考评和督导程序,建立工作档案和诚信记录,强化考评员、质量督导员业务培训和职业道德教育。

(二)提升职业技能鉴定信息化管理水平

完善职业技能鉴定管理信息系统,实现鉴定报名、考务安排、结果查询网络化管理和服务。鉴定结果要及时向社会公布,为公众提供高效便捷的职业资格证书信息查询服务。

(三)建立和完善职业技能鉴定结果评估和责任追究制度

加强职业技能鉴定事前、事中、事后全过程的质量控制和鉴定考核档案管理;按照"考监分设"的原则,实行鉴定过程和结果第三方监督和评估制度,确保鉴定结果客观公正;畅通群众监督渠道,鼓励和支持社会各方面对职业技能鉴定中违纪违规行为投诉和举报,严格追究相关部门和人员责任。

(四)建立职业技能鉴定机构退出机制

组织社会力量,定期开展职业技能鉴定机构质量评估。职业技能鉴定机构未按规定要求实施鉴定,或在鉴定过程中弄虚作假、徇私舞弊的,取消鉴定结果并视情节轻重给予通报批评和警告、吊销鉴定许可证等处罚,构成犯罪的依法追究法律责任。

五、补贴办法和支付

按照"需求引导培训、补贴对应等级"的原则,委托社会调查机构开展市场需求和培训成本调查,每年发布《职业培训成本及市场需求程度目录》(以下简称《目录》)。参加《目录》所列职业和等级培训,并取得职业资格证书的人员,可享受相应的职业培训补贴、职工培训津贴、生活费补贴和实习补贴。补贴和津贴实行后付制。

(一)职业培训补贴

对参加《目录》所列职业和等级技能培训,取得技师、高级技师职业资格证书的人员,给予100%培训费补贴和鉴定费补贴;取得高级工及以下等级职业资格证书的人员(不含职业院校学生),按照非常紧缺、紧缺、一般紧缺三个不同需求程度,分别给予培训成本

100%、90%、80%的培训费补贴和100%的鉴定费补贴。培训费补贴直接拨付给培训机构，培训费用差额部分，在职职工由企业或职工个人承担，其他参加培训人员由个人承担。

（二）职工培训津贴

企业组织职工带薪参加培训，按照职工取得的职业资格证书等级，给予培训津贴。其中，脱产培训的，企业和职工各享受50%；职工利用业余时间参加培训或自学的，津贴全额发放给职工个人。培训津贴标准按职工取得的职业资格证书等级分别为：初级工和专项职业能力1000元，中级工1500元，高级工2000元，技师和高级技师3000元。

（三）生活费补贴

失业人员、农村劳动力和普通高校（非职业院校）学生到职业院校、培训机构参加《目录》所列项目全日制培训并取得职业资格证书的，根据国家职业标准规定的课时，按每人每课时6元标准给予生活费补贴，补贴发放给个人。

（四）实习补贴

职业院校与企业实行"双轨制"培养模式，学生到企业实习的，按每人每月1000元标准给予实习补贴，最长期限12个月。实习补贴发放给企业，由企业根据学生实习情况按照不低于80%的标准按月发放给学生。

（五）师资培训补贴

职业院校和职业培训机构专业教师参加培训或到企业实践锻炼，经鉴定考核取得《目录》所列职业资格证书的，参照企业在职职工享受相应的职业培训补贴和培训津贴。

（六）约定服务期

享受职业培训补贴和津贴的用人单位和劳动者，依据《劳动合同法》有关规定，可以订立协议，约定服务期限。

六、组织推动和保障

（一）成立组织机构

成立天津市实施百万技能人才培训福利计划领导小组（以下简称领导小组），负责综合协调、指导推动和考核监督工作。领导小组组长由分管副市长担任,副组长由市人力社保局主要负责同志担任,成员包括市国资委、市教委、市商务委、市建委、市农委、市财政局、市中小企业局、市人力社保局等部门负责同志。领导小组下设办公室,办公室设在市人力社保局,负责日常工作。

(二)落实工作责任

各责任单位负责本部门、本行业、本区县技能人才培训的组织实施工作,制定技能人才培训实施方案,将培训任务分解到有关责任单位,明确责任部门和责任人,确保目标任务的落实。各相关单位要组织企业职工、农村劳动力、职业院校学生、失业人员参加职业技能培训。职业院校和职业培训机构要发挥自身优势,主动与相关单位对接,大力开展多层次的职业培训工作。

(三)建立考评制度

天津市人民政府将本意见落实情况作为考核各有关责任部门的一项重要内容,并适时组织专项督查,领导小组每年听取各责任单位工作开展情况汇报。各区县人民政府和行业主管部门要按季度向领导小组办公室报送工作进展情况,领导小组办公室要建立统计信息制度,加强对具体责任单位的监督检查和评估,定期通报工作进展情况。

(四)加大宣传力度

新闻媒体要广泛宣传天津市的培训福利计划,大力宣传天津市技能人才培养的方针政策、做法和成效,营造劳动光荣、技能宝贵、创造伟大的良好社会氛围。

从2015年至2017年,天津市投入34亿元,开展以"职业培训包"为主要模式的职业技能培训,使120万人取得相应的职业资格证书,持有国家职业资格证书的人员增加到276万人,占技能劳动者的比例提高到70%以上。培训福利计划将按照普惠实用、就业导向和政府购买服务的原则,在全市建立面向城乡全体劳动者的普惠性培训福利制度,重点面向45岁以下企业中青年职工、院校学生、失业人员和农村劳动力,开展以"职业培训包"为主要模式的职业技能培训。其中面向企业在职的中、青年职工,重点开展以中、高技能为主的技能提升培训,3年安排61万人;面向天津市农村适龄劳动力,重点开展转移就业技能和农业实用技术培训,3年安排27万人;面向院校学生,主要推行学历和职业资格"双证书"制度,3年安排20万人;面向失业人员,以职业转换和技能提升为主,重点开展定向和订单培训,3年安排12万人。据有关负责人介绍,福利计划受益企业不仅包括国企,还囊括外企、私企等各类所有制企业。

表 5-1-1　天津市 2015 年度第一批培训成本目录(非常紧缺职业)　　　单位:元

序号	行业	职业(工种)名称	培训成本					备注
			专项职业能力	初级工	中级工	高级工	技师	高级技师	
1	农、林、牧、渔业	蔬菜园艺工*		950	1000	1300	1400	1650	
2		家禽饲养工		900	1000	1100	1450	1650	
3		家畜饲养工		850	950	1050	/	/	
4		动物疫病防治员		850	1000	1300	——	——	
5	采矿业	钻井工*		/	2750	3150	/	/	
6		采油工*		/	2800	3200	/	/	
7	制造业(机械)	数控车工*		——	2850	3650	3900	4300	
8		数控铣工*		——	3000	3800	4100	4500	
9		加工中心操作工*		——	3250	3450	4500	5850	
10		车工*		1550	1750	1950	2700	2800	
11		锻造工*		1100	1300	1550	1950	2300	
12		焊工*		1350	1750	2050	2100	2800	
13		维修电工*		1700	2050	2300	3150	3550	
14		机修钳工*		1400	1750	1950	2050	2900	
15		装配钳工*		1000	1250	1500	1800	2200	
16		工具钳工*		1250	1400	1650	1950	2350	
17		模具设计师*		——	——	2200	2600	3900	
18	制造业(冶金)	拉丝工*		/	950	1100	1300	1450	
19		转炉炼钢工		1000	1150	1350	1500	1650	
20		钢材热处理工		1400	1900	2150	1950	2050	
21	制造业(电子)	无线电调试工*			1800	1850	1800	2000	
22		线圈绕制工*		1750	2250	2500	2400	2400	
23		电子设备装接工*		1400	1550	1700	1750	2000	
24	制造业(纺织)	细纱工		1400	1650	1950	2150	2200	
25		织布工		1400	1700	1950	2150	2200	
26	制造业(化工)	有机合成工*		850	1150	1350	1850	2550	
27		海盐晒制工		/	1100	1150	/	/	
28		化工工艺试验工		800	/	/	/	/	
29		建材化学分析工		800	/	/	/	/	
30	制造业(石化)	石油产品精制工		800	/	/	——	——	

序号	行业	职业（工种）名称	培训成本						备注
			专项职业能力	初级工	中级工	高级工	技师	高级技师	
31	制造业（轻工）	服装制作工*		950	1350	1850	／		
32		计时仪器仪表装配工		／	800	1000	1050	——	
33		塑料注塑工		1150	1450	2250	2550	2550	
34		贵金属首饰手工制作工		800	／	／	／	／	
35	制造业（医药）	中药购销员*		800	1200	1500	——		
36		医药商品购销员*		800	1150	1450	——		
37		中药调剂员*		1300	1350	1400	1600		
38		中药固体制剂工*		——	1200	1250	1900		
39	制造业（航空）	飞机铆装钳工*		3500	3800	4300	5000	5000	
40		飞机发动机附件装配工*		2300	2800	3050	2950	2950	
41		航空仪表装配工*		2300	2800	3050	2950	2950	
42		航空仪表试验工*		2300	2800	3050	3000	3000	
43	电力、燃气及水的生产和供应业	煤气调压工		800	950	1100	1250	1550	
44		煤气户内检修工		850	1000	1050	1350	1750	
45		变电设备安装工*		1300	1500	1550	1800	1900	
46		能源管理师*		——	1350	1700	2350	2600	基地开发
47		变配电室值班电工		1000	／	／	／	／	
48		变电检修工		1000	／	／	／	／	
49		热工仪表检修工		1000	／	／	／	／	
50	建筑业、房地产业	装饰美工*		1450	1550	1950	／	／	
51		混凝土工*		1100	1150	1400	——		
52	建筑业、房地产业	钢筋工*		1050	1450	2000	2400	——	
53		手工木工		／	1600	1750	1900	——	
54		工程测量员*		1100	1300	1500	2000	／	
55		室内装饰装修质量检验员*		／	1300	1700	2100	／	

序号	行业	职业（工种）名称	培训成本						备注
			专项职业能力	初级工	中级工	高级工	技师	高级技师	
56	交通运输、仓储和邮政业	接触网工*		900	1000	1250	1300	1300	
57		叉车司机*		1150	1250	1750	/	——	
58		建（构）筑物消防员		1550	1550	2050	/	/	
59		汽车修理工*		1450	1900	2200	/	/	
60		内燃装卸机械司机*		800	1000	1300	2100	2950	
61		动车组机械师*		/	/	1500	1850	2700	
62		铁路线路工*		/	1300	1500	1800	/	
63	住宿和餐饮业	餐厅服务员*		800	850	1000	1200	1400	
64	租赁和商务服务业	保洁员*		800	1150	1500	——	——	
65		营业员*		800	900	1150	1500	——	
66		收银员*		800	900	1050	——	——	
67		旅游计调师*		——	950	1250	1500	/	基地开发
68	科学研究和技术服务业	工业设计师*		——	2500	2950	3200	3500	基地开发
69	信息传输、计算机服务和软件业	电子商务师			1350	2050	2150	/	
70		计算机程序设计员*			1200	2050			
71		可编程序控制系统设计师*			1900	2700	3100	3950	
72		制图员*		1300	2000	2950	4800	——	
73		计算机（微机）维修工*		900	1150	1300			
74		计算机软件产品检验员*			——	1950	3200	/	
75	文化、体育和娱乐业	平版印刷工*		950	1100	1400	1550	1550	
76		音响调音员*		1250	1400	1600	2000	2050	
77		有线广播电视机线员*		1400	2050	2600	2950	3300	
78		会展策划师*		——	1450	1950	2300	2850	
79		平装混合工		800	/	/	/	/	
80	居民服务和其他服务业	智能楼宇管理师*		——	1400	2000	2050	2900	
81		保安员*		800	850	1100	2050	1450	
82		茶艺师*		950	1100	1300	1600	2200	

序号	行业	职业(工种)名称	培训成本						备注
			专项职业能力	初级工	中级工	高级工	技师	高级技师	
83	居民服务和其他服务业	养老护理员*		1200	1250	1650	1850	——	
84		病患护理员*		1250	1400	1800	1950	——	
85		家政服务员*		900	1050	1700	——	——	
86		育婴员*		850	1000	1100	——	——	
87		紧急救助员		——	800	/	/	——	
88		劳动保障协理员		——	850	900	1150	1300	
89		劳动关系协调员		——	——	950	1150	1250	
90		人力资源配置(派遣)指导师*		——	850	1250	1500	/	基地开发
91		集体协商指导师*		——	——	1150	1350	1550	基地开发
92		手工编织指导师*		——	1000	1200	——	——	基地开发
93		手工编织*	600						
94		手工钩织*	600						
95		地毯编织	980						本市开发
96		拼布工艺	600						

注:表中"——"表示没有此级别培训,"/"表示此级别培训没有补贴,"*"表示此职业(工种)采取培训包方式培训。

第二节 天津市高等教育技术技能人才的培养

一、天津市高等教育工作的整体情况

表 5－2－1　天津市高等教育院校数与国内其他主要城市对比发展变化（2011—2019 年）　单位:所

城市	年份									
	2011	2012	2013	2014	2015	2016	2017	2018	2019	2020
北京	86	86	86	87	91	91	92	92	93	93
上海	58	58	58	49	67	64	64	64	64	64
重庆	63	64	61	63	63	65	65	65	65	65
天津	47	51	52	52	55	55	57	57	56	57

表 5－2－2　天津市高等院校毕业生数与国内其他主要城市对比发展变化（2011—2019 年）　单位:万人

城市	年份								
	2011	2012	2013	2014	2015	2016	2017	2018	2019
北京	18	19	20	22	22	22	22	23	23
上海	17	17	17	17	17	17	17	18	18
重庆	14	15	15	16	16	16	17	18	18
天津	12	14	14	15	16	16	16	17	17

教育部专门研究部署高等学校本科教育工作,进一步坚持以人为本、"四个回归"的理念。以人为本是人才培养的必然要求,"四个回归"则是人才培养的基本思路。归结为一点,就是教育部门、高等学校以及广大师生的注意力要首先在本科聚焦,聚焦对本科教育基础性地位的认知,聚焦"以人为本"的理念。

近年来,天津高等教育紧紧抓住京津冀协同发展、滨海新区开发开放、自由贸易试验区,自主创新示范区和"一带一路"建设五大战略叠加的历史机遇,在京津冀协同发展大背景下,以提高质量为核心,以促进公平为重点,落实立德树人根本任务,提升办学水平,发展高校特色,努力打造与天津城市"一基地三区"定位相匹配的现代化高等教育体系,努力办好让人民群众满意的高等教育。

一是加强办学空间布局,形成中心城区及周边高教聚集区、海河教育园、大港高教聚集区、开发区高教聚集区、京津新城高教聚集区以及健康产业园聚集区等高教聚集区;着力加强学科专业建设,目前全市各高校共有一级学科博士硕士授权点 285 个,博士硕士专业学位授权点 139 个,本科专业点 1150 个,本科在校生规模稳定在 34.17 万人,在校研究生规模达 6.76 万人。

二是深入推进高等教育改革与进步,立项建设 80 个天津市一流学科、3 个天津市一流(培育)学科、81 个天津市特色学科(群)。推动思想政治教育、普通高校生态文明教育和医教协同培养医学人才工作,推进部分本科高校向应用型转变,立项 126 个优势特色专业建设项目、156 个应用型专业建设项目,获批 13 个教育部新工科研究与实践项目。

三是"双一流"建设取得突破进展。南开大学、天津大学入选国家层面一流大学建设高校,天津医科大学、天津工业大学、天津中医药大学入选国家层面一流学科建设高校。5 所高校共有 12 个学科入围一流学科建设名单。在全国高校第四轮学科评估中,共有 5 所高校的 31 个学科入选 A 类(位列全国第七)。此外,一所核工业大学即将落户天津。

四是提升高校教师创新素质,深化天津市高层次创新人才聚集和创新团队建设计划,实施青年学者项目、杰出津门学者岗位计划和高校教师专业发展工程;推动实施高校师范类本科专业认证工作。

五是人才培养能力进一步提升。不断推进卓越人才系列培养计划,深化高校创新创业教育改革,加强优质课程资源、教学团队、教学名师、实验教学示范中心、虚拟仿真实验教学中心、国家级创新创业示范校和研究生教育创新实践基地建设,实施市属高校本科教学工作审核评估和学位授权点合格评估,引导高校完善内部自我评估制度。

六是促进产学研紧密结合,通过科技成果转化推动人才培养。提升天津市高校各类科研平台建设水平,加快科技成果转化平台布局,注重科技成果转化专业服务团队培育。近 3 年,已有 2000 余人的科技特派员队伍服务于 1000 余家科技型企业,为深化创新人才培养模式改革提供了新途径。

进入 2019 年,天津市提出高等教育工作"1 + 1231"的基本思路,即"坚持一条主线,加快一个建设,深化两个评估,强化三个服务,推进一个改革"。具体讲,就是以"持续提高质量"作为高教工作的主线,加快"双一流"建设,深化本科教学工作审核评估和学位授权点合格评估,强化科学研究为人才培养服务、为区域经济社会发展服务,信息化建设为教育改革与发展服务,全面推进高等教育体制机制改革。

虽然天津市高等教育事业的发展取得了显著进步,但全市高校本科教育的发展现状,离新时代全国高等学校本科教育工作会议的要求还有较大距离。人才培养是高校的中心工作,本科教育是重中之重。抓好本科教育是一项"滚石上山"的系统工程,必须保持定力,下决心、下力量,持之以恒去抓才能见成效。

二、贯彻"八个着力",切实抓好本科教育工作

关于高等教育为谁培养人的问题,习近平同志明确指出,就是"为人民服务,为中国共产党治国理政服务,为巩固和发展中国特色社会主义事业服务,为改革开放和社会主义现代化建设服务"。关于培养什么样的人的问题,习近平同志在全国教育大会讲话中也给出了明确答案,就是培养德智体美劳全面发展的社会主义建设者和接班人。现在需要我们在教育教学实践中不断探索并认真回答的,就是"怎样培养人"的问题。

(一)着力坚持立德树人根本标准

本科教育阶段是为青年学生扣好人生第一粒扣子的关键时期,是塑造青年理想信念和人生观、世界观、价值观的关键时期。因此,必须要把立德树人的成效作为检验学校一切工作的根本标准,坚持社会主义办学方向,把马克思主义作为学校的应有"底色"。发展素质教育,围绕激发学生学习兴趣和潜能深化教学改革,全面提高学生的家国情怀、创新精神和实践能力,让他们更有自信地加入社会主义强国建设中去。总书记指出,各门课程都有育人功能,都要"守好一段渠,种好责任田",高校教师的80%是专业教师,课程的80%是专业课程,学生学习时间的80%用于专业学习。要强化"课程思政""专业思政",促进专业知识教育与思想政治教育相融合,建立课程、专业、学科"三位一体"思政教学体系,激发课程思政活力,做到各类课程与思政理论课同向同行,形成"协同效应"。强调每门课程都有育人功能、每位教师都承担育人责任,构建全员、全方位、全过程的大思政教育体系,有效推动全市高校课程思政建设工作,打赢思政工作攻坚战。

(二)着力突出本科教育基础地位

本科教育在人才培养体系中占据基础地位,高校要坚持以本为本。正所谓本科不牢,地动山摇。要咬定青山不放松,下大决心把本科教育置于学校工作的优先地位。人才培养是现代大学的本质职能,这一点放眼全球从未改变,也从未动摇。必须着眼高等教育的"四个服务",紧密对接京津冀协同发展和"一带一路"国家战略,进一步明确自身办学定位和目标,并围绕学校的办学定位和目标,发挥自身优势和特色,努力建设高水平的本科教育。要把回归常识、回归本分、回归初心、回归梦想作为高校改革发展的基本要求。首先就是要围绕学生刻苦读书来办教育,引导学生求真学问、练真本领,提升大学生的学业挑战度,激发学生的学习动力和志趣。要进一步完善学分制,探索实行荣誉学位,推进辅修专业制度改革。加强学习过程管理,严格过程考核,改革考试形式,引导学生把更多的精力投放在学本领、长才干上。

(三)着力强化专业建设基本抓手

专业是人才培养的基本单元和基础平台,是建设一流本科、培养一流人才的"四梁八柱"。各高校要把建设一流专业作为加快推进"双一流"建设、实现内涵式发展的重要基础和根本抓手。第一,认真落实教育部最新颁布的《普通高等学校本科专业类教学质量国家标准》,结合教育部实施的一流专业建设"双万计划",主动谋划、建设好一大批面向未来、适应需求、引领发展、理念先进、保障有力的一流专业点。第二,建立健全专业动态调整机制,必须结合"一带一路"、京津冀协同发展战略主动布局战略性新兴产业发展和民生急需相关学科专业,做好存量升级、增量优化、余量消减,切实优化学科专业结构。还要适应新技术、新产业对新时代人才培养的新要求,加快推动卓越拔尖创新人才培养,丰富知识教育课程、优化核心课程体系,把学生可选的课程数增上去,优化学生知识结构,全面提高学生综合素质和创新能力。

(四)着力深化课程革命

课程是实现专业内涵发展的重要抓手,课堂教学是师生实现教学活动的"主阵地",是高校落实立德树人根本任务的关键环节。《新时代高校思想政治理论课教学工作基本要求》和《中共教育部党组关于加强高校课堂教学建设 提高教学质量的指导意见》是全市今后较长时期里要认真贯彻落实的文件。各高校都要强化课堂教学工作责任,注重课程教材、教法、教研的协同推进,深刻变革传统教学模式,推进课程内容与方法的更新,大力推动、重塑教育教学形态。"教"与"学"模式的变革,应该是围绕提升学生的学习成效,在理念、技术、评价层面的根本性、革命性、深层次的改变。智慧教室、智慧校园等硬件条件好改善,关键是教师的思想变革,要努力探索把沉默单向的课堂变成启迪智慧、切磋技术的互动场所,让课堂"活起来"。

(五)着力打造"四有"师资队伍

人才培养,关键在教师,教师队伍素质直接决定着大学办学能力和水平。要充分利用好《关于全面深化新时代教师队伍建设改革的意见》的制度设计空间,要坚持以师德师风作为教师素质评价的第一标准,引导教师以德立身、以德立学、以德施教,更好担当起学生健康成长指导者和引路人的责任。完善教授给本科生上课制度,大力推动高层次人才走上本科教学第一线,实现教授全员给本科生上课。改革绩效工资和教师评价体系,在教师专业技术职务晋升中施行本科教学工作考评一票否决制,充分调动和激发广大教师的积极性和创造性,引导教师潜心教书育人,聚焦学生学习效果,讲好每一堂课,关注每一名学生。各高校要加强党委教师工作部和教师教学发展中心建设,尽可能多的搭建教师发展平台,着力提高教师的教学水平、科研水平和指导能力,提高师资队伍整体质量,努力建成一支爱岗敬业的高素质教师队伍。

(六)着力完善产、科、教协同育人机制

解决实践教育短板问题,关键靠协同。产、科、教协同育人机制的本质是通过利益共同体的构建,实现生产与教育一体化,构建校企之间互惠共赢的新机制。要坚持国际与国内、校内与校外、产业和教学、科研和教学相结合,形成一种资源共享、优势互补、需求对接的全流程协同育人机制,促进教育链、人才链与产业链、创新链有机衔接,推进产科教合作办学、合作育人、合作发展。要大力优化学校内部实践共享平台建设,高水平建设一大批各级实验教学示范中心、虚拟仿真实验教学中心,打通教学与科研之间的壁垒,加强理论教学与实践相结合,推动学生"做中学"。要努力拓展学校外部空间,多与国外高水平大学开展合作育人,积极引进国际知名高校来津开展合作办学,利用国际优质教育资源,培养新时代高素质人才。

(七)着力推进现代信息技术应用

当前正处于新一轮世界科技革命和产业变革的机遇期,必须加强现代信息技术与教育教学的深度融合,大力推动互联网、大数据、人工智能、虚拟现实等现代技术在教学和管理中的应用。要结合教育部实施的一流课程建设"双万计划",积极打造"津课"联盟,三年内在全市建成 500 门精品在线开放课程,搭建课程共享平台,实现慕课学分互认。各高校也要高度重视,组成"宣讲队""培训团",让广大师生了解并跟上新时代的发展,积极推动优质资源开放共享。

(八)着力培育一流质量文化

质量文化是推动大学不断前行、不断超越的最深沉、最持久的内生动力。要把人才培养水平和质量作为一流大学建设的首要指标,进一步深化管理机制体制改革,简政放权,增强办学活力。通过常态化的本科教学工作审核评估,以及保合格、上水平、求卓越的三级专业认证举措,努力形成闭环的内部质量保障体系,加大宣传和制度保证,建立起"学生中心、产出导向、持续改进"的自省、自律、自查、自纠的质量文化,将质量要求内化为师生的共同价值和自觉行为。

通过上述"八个着力",有效贯彻落实全国教育大会和新时代全国高等学校本科教育工作会议精神,实现提高学校人才培养目标与培养效果的达成度、办学定位和人才培养目标与国家和区域经济社会发展需求的适应度、教师和教学资源条件的保障度、教学和质量保障体系运行的有效度、学生和社会用人单位的满意度。

三、配套系列"硬举措",切实保障实施效果

(一)强化党的领导,提高政治站位

要坚持党对高校的领导。牢牢掌握党对高校本科教育工作的领导权,使党的建设贯穿本科教育工作,在党的领导下,着力解决本科教育发展中的突出问题。高校党委要把方向、管大局、保落实,充分发挥好组织保障作用,将党委的领导核心作用、支部的战斗堡垒作用、党员的先锋模范作用和本科教育工作紧密结合起来。

(二)加强顶层设计,致力未来发展

为了深入贯彻全国教育大会精神,天津市教委正在研究高水平本科教育发展行动计划。行动计划提出全市本科教育"两步走"的蓝图。第一步,推进"四个回归"全面落实,树立立德树人标杆大学,建设一流本科专业点,引领带动全市高校专业建设水平和人才培养能力全面提升;第二步,建设天津特色的高水平本科教育,为建设高等教育强市、实现天津教育现代化提供有力支撑。行动计划将实现全市本科教育发展内涵的进一步深化、治理能力的进一步提升、办学特色的进一步突出、育人质量的进一步增强。

(三)贯彻闭环原则,健全质保体系

各高校将按照行动计划要求,制定符合自身实际的实施方案。按照"五个符合度"的要求,完善制度、健全规章,形成闭环的内部质量保障体系,进一步推动本科教育重点领域、关键环节改革取得新突破。对学校内部质量保障体系进行重组和再造,不能"穿新鞋走老路",也不是"新瓶装旧酒",一定要通过重组和再造,建立保障本科教育质量的内生动力和机制,真正把本科人才培养基础地位、优先地位落实。

(四)层层压实责任,践行担当作为

必须压实各项工作任务、夯实各项工作责任,督查奖惩并举,将厚爱与严管结合起来,形成"激励+震慑"的追责、问责机制。各高校领导干部要担当作为,发挥好"头雁"作用,实现本科教育工作全员、全程、全方位参与,狠抓"三全育人"工作的落实。

面向新时代,天津市本科教育工作将以习近平同志在全国教育大会讲话精神和新时代全国高等学校本科教育工作会议精神为遵循,切实筑牢人才培养的中心地位和本科教学的基础地位,矢志落实"八个着力",写好新时代天津高等教育的"奋进之笔",建设更高水平的本科教育。

第三节　天津市职业教育技术技能人才培养的培养

一、高职院校学生毕业生普遍受到企业欢迎

表 5 - 3 - 1　天津市职业院校数与国内其他主要城市发展变化对比（2011—2019 年）　单位:所

城市	年份								
	2011	2012	2013	2014	2015	2016	2017	2018	2019
北京	25	25	26	25	26	25	25	25	25
上海	26	27	26	26	29	26	26	25	25
重庆	37	36	36	36	36	36	36	37	37
天津	26	26	26	26	26	25	27	26	26

表 5 - 3 - 1　天津市职业院校毕业生数与国内其他主要城市发展变化对比（2011—2019 年）　单位:万人

城市	年份								
	2011	2012	2013	2014	2015	2016	2017	2018	2019
北京	4.24	4.14	3.68	3.41	3.68	3.53	3.41	2.89	2.60
上海	3.46	2.93	3.17	2.93	2.92	3.20	3.61	3.55	3.50
重庆	6.07	6.26	6.62	7.34	8.13	8.06	9.17	9.44	9.20
天津	4.39	5.08	4.73	4.42	5.67	5.83	6.02	6.03	5.96

　　2019 年 10 月 17 日,国家统计局天津调查总队发布消息,天津市技能人才培养取得了积极成效,有效保障了天津经济发展对中高端技能人才的需求,毕业生广泛受到企业欢迎。

　　天津市作为国家现代职业教育改革创新示范区,职业教育的发展倍受各界关注。2019 年 4 月 28 日,天津市政府发布了建设“海河工匠”的通知,着力培养一批拥有现代科技知识和创新能力的高技能人才队伍,助推天津高质量发展需要。为此,国家统计局天津调查总队就天津市高职院校技能人才培养情况开展了专题调研,走访了天津市教育委员会及天津中德职业技术学院、天津现代职业技术学院、天津轻工职业技术学院等高职院校,访问了 142 名高职院校学生,详细了解天津高职院校技能人才培养

情况。

天津高职院校毕业生的就业率保持在较高水平。实现较高的就业率,一是专业与企业需求吻合度高,高职院校不断优化专业设置,适应社会和企业需求,不少企业与高职院校开展了定向培养;二是多数学生已经具备了基本的工作能力。在对自己能力进行评价时,78.9%的学生认为已具备较强的理解与交流能力,60.6%的学生认为已具备较好的科学思维能力,54.9%的学生认为已具备一定的管理能力,64.1%的学生认为已具备一定的应用分析能力,67.6%的学生认为已具备较强的动手能力;三是学生具有较为实际的择业观念,求职心态平稳,能够正视挫折,愿意从底层做起,务实的择业观是高职院校学生就业率较高的一个主要原因。数据显示,如果在毕业后没有找到理想的工作,大多数高职院校学生做出较为务实的选择,有62.0%的学生选择通过从底层做起,逐步向理想目标奋斗,有15.5%的学生会参加短期技能培训提高自己的专业能力后再去寻找工作,而选择通过其他关系渠道帮助解决就业问题和继续找直到找到理想工作的学生仅占两成。

二、近八成学生毕业后选择服务天津发展

调研结果表明,被访的高职院校学生毕业后打算留在天津发展的学生占比为78.2%,近八成高职院校学生愿意留下,服务天津发展。天津作为先进制造业基地和第三产业较为发达的城市,对于不少高职院校学生来说有较多的工作机会和较大的发展空间,加之学生喜欢天津的风土人情,因此愿意留津发展。高职院校学生的择业观也由追逐高薪转向了实现个人价值,九成学生表示他们在择业初期会选择工资低但前景好的工作。被访的学生中,有58.5%的学生十分看重工作发展机会,而对于薪酬待遇来说,仅有35.2%的学生较为看重。

三、绝大部分学生有创业意向

在问到毕业去向时,有12.0%的高职院校学生表示有创业意向,主要是基于高职院校学生的专业性较强,专业技能较为突出,更具备自主创业的能力素质。高职院校学生认为创业比较困难的比例为62.7%,原因主要集中在缺乏创业资金和缺乏创业指导两个方面,占比分别为57.9%和35.8%。

职业教育是国民教育体系的重要一环,也是构成人力资源开发体系的重要组成。

党的十八大以来,职业教育受到了党中央的进一步的重视,从《现代职业教育体系建设规划(2014—2020 年)》的编制到"完善职业教育和培训体系"写入党的十九大报告,再到《国家职业教育改革实施方案》的印发……我国职业教育不仅从顶层设计到改革落实都逐渐清晰,职业教育改革事业取得良好进展,大力发展职业教育已然成为全社会的共识。

天津发展职业教育有着良好又深厚的基础。天津是我国近代工业发源地之一,洋务运动开启了天津军工产业为代表的官办产业的布局,袁世凯在天津推行的"新政"为天津近代工业带来了契机,也造就了天津近代工业教育的繁荣。

中华人民共和国成立以来,天津在近代工业发源地的基础上,形成了完备的工业体系。当下,天津正着力提升以装备制造业等新兴工业产业的体系布局。从我国近代第一所工业技术学校——天津北洋电报学堂到如今百所职业学校在津开设,深厚的工业基础,孕育出了深厚的职业教育传统,也滋养出了天津现代职业教育之花。

天津职业教育,有几点不能忽视。

唯一。天津是全国唯一一座现代职业教育改革创新示范区。自 2005 年教育部与天津市共建了全国首个"国家职业教育改革试验区"以来,天津紧紧围绕职业教育改革创新,走出了一条具有天津特色的职业教育发展之路,筹措资金加大对职业教育的投入,投入机制更为科学,绩效导向更为突出,在全面提升职业院校的综合实力方面形成了可供全国复制和推广的模式。2010 年,试验区升级为全国唯一的"职业教育改革创新示范区"。目前,天津市的职业院校达到百所,其中高职院校 26 所,此外还建立了旨在培养职教师资、应用技术类本科层次的院校,职业教育体系十分完备。国家职业教育发展质量研究中心也设在天津,可以说,天津的职业教育有着十分良好的基础。

天津拥有全国第一所本科层次的职业教育院校——中德应用技术大学和我国最早建立的职业技术师范大学天津职业技术师范大学。通过对职业教育能力建设的投入,中德应用技术大学率先构建起了中、高、本、硕贯通的人才培养体系,成为我国职业教育改革的"先行者"。天津职业技术师范大学则首创"双证书,一体化"的人才培养模式,构建了学士到博士层次的完整职教师资培养体系,成为"中国培养职教师资的摇篮"。以中德应用技术大学和天津职业技术师范大学为代表,天津具备完整的职业教育体系,在职业教育改革创新之路上,天津一直走在全国前列。

首创。2015 年,天津启动"鲁班工坊"项目,次年,中国首所境外鲁班工坊在泰国建成。时至今日,境外鲁班工坊已在亚洲、非洲、欧洲的 8 个国家生根发芽。到 2021 年,天津在非洲将完成 10 个鲁班工坊的建设。将国内优秀的职业教育成果输出国门与世界分享,促进当地技能型人才的培养,带动当地经济发展,加深其与中国的友谊,鲁班工坊成为我国职业教育响应和服务"一带一路"建设的交流平台。天津职业教育首创的"鲁班工坊"可以说是职业教育的"孔子学院""孔子课堂"。

不管是近现代工业发展为天津留下的工业教育基础,还是如今完备职业教育体系的形成壮大,天津的职业教育在党的高度重视和政府大力扶持下勇于改革创新,走出了一条与党和国家事业发展相适应、与人民群众对美好生活的期待相契合的创新之路。天津有基础,有资源,有能力,有方向,有把握继续攻坚现代职业教育,让现代职业教育真正成为新时代教育改革事业的人才摇篮。"天津职业教育的魅力体现就是在不断创新中走出'天津模式',不断提升影响力,天津职业教育的魅力无穷,前景无限"。

天津市是目前全国唯一一座"国家现代职业教育改革创新示范区"。为突出天津职业特色,叫响天津职教品牌,进一步促进天津市职业教育改革创新,天津市各级财政部门近年来积极筹措经费,努力加大财政投入,推动形成了一系列可推广的职教标准和可复制的政策经验。

四、全面提升职业院校综合实力

为完善市属职业院校经费投入机制,更好地支持职业教育发展,2013 年和 2014 年,天津市先后建立了向市属高职院校和市属中职学校进行财政拨款制度。"我们按照办学规模、师生比例以及保持经费平稳增长等因素确定基础标准,根据学校类型和专业类别设置计算系数。"天津市财政局有关负责人介绍说,向天津市属高职院校和市属中职学校基本支出的财政拨款标准,财政拨款由原来的 0.8 万元和 1 万元提高至 1.4 万元和 1.5 万元(不含学生资助政策体系资金等财政专项经费),为职业院校事业发展提供了有力的资金保障。

除了提升一般性资金支持保障力度,天津市投入奖金,进一步加大职业教育能力建设。"十三五"期间,天津市启动实施职业教育提升办学能力建设项目,市财政局安排专项资金 20 亿元,并取消了对学校的配套资金要求。支持中职学校完成现代化和国际化、提升实习实训装备水平等七项建设任务;支持高职院校完成骨干优质专业对接优势产业群建设、深化人才培养模式改革等十项建设任务。"目前,项目建设周期过半、任务过半,市财政局做好了资金保障工作,全面提升了天津市职业院校的综合实力。"天津市财政局有关负责人介绍说。

2015 年 11 月，天津中德应用技术大学获批成为全国第一所本科层次应用技术大学，并在 2017 年纳入天津市"双一流"建设实施方案，成为大津市职业教育的一面旗帜。2016 年至 2018 年，市财政局拨付专项资金 3.2 亿元用于学校基础设施和实验、实训条件的改善，构建中、高、本、硕贯通人才培养体系，在本科新设学科和高职骨干专业建设，图书及教学资源建设，信息化建设等方面获得重大突破。为贯彻落实京津冀协同发展战略，天津市与河北省共同建设天津中德应用技术大学承德分校，市财政局拨付承德市对口帮扶资金 2 亿元。

值得一提的是，天津市依托部分职业院校计划在海外设立 10 个"鲁班工坊"。目前，已依托天津渤海职业技术学院等 7 所职业院校，在泰国、印度、英国、印度尼西亚和巴基斯坦 5 个国家建了 5 个"鲁班工坊"。市财政对参与建成"鲁班工坊"的职业院校给予一次性补助，并于其后两年给予运行经费补助，使"鲁班工坊"建设成为职业教育对外开放的桥头堡。

五、投入机制更科学，绩效导向更突出

据了解，从"十一五"开始，天津市已连续 3 个 5 年实施职业教育投资规划，市财政投入额度由"十一五"期间的 5.5 亿元增加至"十二五"期间的 11.1 亿元，办学主管部门和学校安排配套资金比例由 66.7% 降低为 30%。在"十三五"期间，天津市实施职业院校提升办学能力建设项目，市财政局安排专项资金 20 亿元，并取消办学主管部门和学校安排配套资金的比例要求。随着财政投入的大幅增加，办学主管部门和学校投资压力有效减轻，为职业教育快速发展提供了有力的资金保障。

除了投入大幅增加，投入机制也更趋科学，绩效导向的作用更加突出。天津市逐步建立健全稳定支持和竞争性支持相协调的投入机制，凸显分类管理和分类支持，财政拨款制度根据学校和专业差异，分别设置折算系数，体现办学成本差异，科学制定拨款标准；职业院校提升办学水平，根据学校办学层次差异，分别实施示范校建设和专业建设，并根据学校需求申报建设项目，结合实际，因校而异。财政拨款制度设置绩效经费预算，提升办学水平项目经费中 30% 部分为绩效经费，有力发挥绩效导向作用，切实提高了学校参与建设的积极性和主动性。

天津市财政局还积极完善制度约束，会同市教委等有关部门，印发市属中职学校和高职院校学校财政拨款制度、天津市中职学校和高职院校提升办学能力建设项目专项资金管理办法等规章，强化制度约束手段，规范财政资金使用，确保财政资金

安全。同时,督促院校健全校内全面预算管理制度,逐步细化成本核算,贯彻落实高等学校等财务制度、会计制度以及内部控制规范等有关规定,强化资金管理,发挥资金效益。

六、优化支出结构,增加内涵投入

天津市财政局有关负责人介绍说,天津市将做大、做强、做优天津的职业教育,在突出天津职业教育办学特色、建设现代职业教育体系等方面提出具体要求。

具体措施包括:通过整合优化教育经费支出结构的方式,加大对职业教育投入;探索职业教育经费稳定增长模式,创新财政资金管理方式,进一步完善稳定支持和竞争性支持相协调的投入机制,逐步形成具有天津特点、中国特色、世界水平的现代职业教育体系;完善以改革和绩效为导向的财政拨款制度,健全与天津市职业教育事业发展相适应的经费保障和动态调整机制。同时,优化支出结构,增加内涵投入,推进职业院校由硬件扩张型逐步转向内涵式发展;稳固实施天津市"十三五"期间职业教育投资项目,严格按照项目管理办法和资金管理办法有关要求,做好项目建设资金的保障和监管。同时,强化绩效导向作用,明确绩效目标,设置可量化、可考核、易操作的绩效指标;着力加强天津中德应用技术大学建设,安排学校支持一流应用技术大学建设专项资金,整体提升天津市高端应用型、技术技能型人才培养水平,使中德应用技术大学成为天津市职业教育发展的新突破口。

第四节　天津市继续教育技术技能人才的培养

表 5 - 4 - 1　天津市继续教育培训机构数与国内其他主要城市对比发展变化(2011—2019 年)　单位:所

城市	年份								
	2011	2012	2013	2014	2015	2016	2017	2018	2019
北京	3494	3711	3595	3634	3659	3579	3308	3079	3188
上海	843	799	725	691	636	674	689	631	726
重庆	1950	2230	2150	2205	2323	2236	2095	1920	1780
天津	1470	1535	1600	1534	1484	1420	1357	1304	1223

表 5 - 4 - 2　天津市继续教育技术技能培养人数与其他主要城市对比发展变化(2011—2019 年)　单位:万人

城市	年份								
	2011	2012	2013	2014	2015	2016	2017	2018	2019
北京	268.66	264.01	320.18	282.92	283.70	287.31	263.49	272.83	242.32
上海	180.08	174.48	180.87	200.71	164.64	173.17	174.38	170.31	173.27
重庆	245.45	248.34	257.34	240.01	237.54	235.34	234.75	232.23	229.56
天津	210.34	209.34	209.43	208.34	207.45	207.98	205.34	204.45	202.45

一、天津市继续教育现状

(一)学历继续教育

1978 年至 2014 年,天津市成人小学毕业生累计 120 万余人,成人中等学校毕业生累计 21 万余人,成人中等专业学校毕业生累计 30 万余人,成人高等教育毕业生累计 64 万余人;2015 年,天津市成人高校在校生 6.89 万人,占全市本专科在校生 51.29 万人的 13.4% 。天津市开展成人学历教育的机构主要包括:普通高校成人教育学院、普通高校网络学院、广播电视大学系统、独立设置的成人高等院校、高等教育自学考试系统以及成人中等专业学校等。1999 年,教育部批准中央广播电视大学开展现代远程开放教育,天津电大成为天津市承担开放教育的试点单位。建校 58 年来,累计开设 9 个学科门类 80 个本、专科专业,共培养毕业生 26 万余人(其中本科毕业生 9 万余人,专科毕业生 17 万余人),非学历教育 99 万余人,终身学习平台访问量 5100 万人次。2011 年,根据《国家中长期教育改革和发展规划纲要（2010—2020年）》（以下简称《国家教育规划纲要》）的要求,在国家层面,启动建设开放大学试点项目。天津市委市政府高度重视天津开放大学的筹建工作,专门成立了工作组筹建开放大学。

（二）非学历继续教育

天津市的非学历继续教育主要包括技能培训、社区教育、老年人教育等。1978年以来,天津市成人技术培训学校累计毕业生人数超过1932万人,职工技术培训学校毕业生累计超过519万人,企业职工培训规模每年都超过20万人。

1. 形成政府和全社会广泛参与的办学格局

初步形成了政府调动和发挥学校、社会各部门、行业、企业的办学优势,创新了多种模式发展继续教育的经验。全市教育、农业、民政、医疗卫生、科研等系统和各级党政机关等机构均相继建立了继续教育组织机构。如政工系统的"天津市政工人员继续教育培训网"、市社会工作协会主办的"天津市社会工作者继续教育网"、市人社局指导设立的"天津市专业技术人员继续教育网"、市教委设立的"天津市中小学教师继续教育中心""天津市高等学校师资培训中心"等。各区（县）还设立教师进修学校、师范学校等继续教育基地。2014年至2016年,天津电大实施国家开放大学"新型产业工人培养与发展助力计划"。

2. 形成社区学院、社区学校、市民教学点三级社区教育网络

初步形成了社区学院、社区学校、市民教学点三级社区教育网络,满足了市民在职业发展、休闲娱乐、精神文化等方面的个性化需求,提供了便利的继续教育服务,市民累计参加各类非学历教育、培训达千万人次以上。连续15年举办"全民终身学习活动周",评选全国百姓学习之星,市级百姓学习之星和终身学习活动品牌。

二、当前天津市继续教育存在的主要问题

（一）综合实力不强

根据《中国继续教育发展报告2012》显示,在全国31个省市继续教育综合发展水平评价报告中天津位居第4。其中,继续教育机会维度位居第4,继续教育资源维度位居第11,这与天津市在全国的政治经济地位严重不符。此外,还有100多万老年人、近200万流动人口的继续教育问题没有得到解决。

（二）管理体制不完善

继续教育涉及社会各个领域的所有成员,而继续教育的管理分散在不同部门,这就使得培训和继续教育工作,包括政策法规的制定、资源的整合、职业技能鉴定制度等方面在体制和机制上需要跨部门的机构进行管理和协调。从国际经验看,加强政府各个部门与其他社会部门之间的横向协调,以及各级政府之间的纵向协调非常重要。1990 年日本发布的《关于健全振兴终身学习推进体制的法律》中规定,在文部省和都道府县设立终身学习的决策咨询机构——终身学习审议会。韩国 2001 年将教育部组建为教育与人力资源发展部,副总理任部长,以加强与政府部门间的协调联系。《国家教育规划纲要》明确提出:政府建立跨部门继续教育协调机构,统筹指导继续教育发展。目前天津市成人教育的管理机构设在市教委成教处,其职能还不足以协调涉及继续教育领域的所有部门,因此,建立跨部门的继续教育管理机构势在必行。

（三）教育法治、法规建设滞后

法律法规保障是继续教育发展的前提条件。

国外:英国于 1957 年通过《继续教育条例》,法国于 1971 年通过《终身教育的范围内职业继续教育组织法》,德国于 1974 年推出《继续教育法》,美国于 1976 年出台了《终身学习法》,加拿大于 2001 年出台《关于终身学习的全国性政策》,印度于"十一五"时期制定了《印度终身学习及其推广纲要》。

国内:福建省 2005 年通过了《福建省终身教育促进条例》,湖南省 2010 年出台了《推进终身教育和学习型社会建设的意见》,江苏省 2011 年出台了《关于加快完善终身教育体系的实施意见》,上海市 2011 年通过了《上海市终身教育促进条例》,河北省 2014 年通过了《河北省终身教育促进条例》。太原市 2012 年通过了《太原市终身教育促进条例》,浙江省 2014 年通过了《宁波市终身教育促进条例》,北京、西安和成都也完成了地方终身教育条例的拟定工作。

天津市已经具备了终身教育立法的基础。经济方面,人均 GDP(国内生产总值)早已过万;教育方面,16 个区县全部通过国家义务教育均衡发展认定,高等教育毛入学率超过60％,实现普及化发展;法律方面,在全国率先出台了职工教育条例、职业教育条例、老年人教育条例、农民培训教育条例等相关法规。在 2014 年和 2015 年"两会"上,市政协委员连续提出加快天津终身教育立法的提案,《天津市教育中长期发展规划纲要》中也提出开展终身教育等地方法规的研究和制定工作,但天津市终身教育立法仍没有显著成效。继续教育立法是一个不断完善的过程如美国颁布终身教育法后,又相继颁布了 10 余部相关法案。日本 1990 年出台了《终身学习振兴法》，2002 年再次出台了《终身学习完善法》；韩国 1999 年颁布《终身教育法》以来，先后 5 次进行了修订。

(四)继续教育的质量不适应学习者的需求

近年来天津市成人学历教育取得了很大发展，但在学习的内容、质量和培养模式等方面仍存在问题，不能满足学习者的需求。同时，天津尚未建立起继续教育质量评价和学习成果转换标准。部分学历教育机构通过恶性竞争的方式招揽生源，致使教学质量降低、教学环节简化、教育市场混乱。非学历教育机构开展的培训和继续教育，在教育内容、方法和模式方面照搬照抄学历教育，缺少非学历教育应有的教学特色。

(五)继续教育体系分散

各类教育机构在办学方式、发展形势方面重复交叉、无序竞争，资源配置上存在壁垒，普通高校网络学院、成教学院、高自考、电视大学均自成一体。普通高校依据其学科和专业特色开展成人学历教育，但是近几年成人高考录取分数线已经一降再降，统一入学考试流于形式，工学矛盾日益显著；高自考虽然克服了工学矛盾，提供了宽松的学习环境，但是存在"重考轻学"的现象，导致学生盲目追求考试通过率，缺乏在学习过程中的思考；网络教育虽然克服了工学矛盾，但是缺乏同学之间、师生之间的直接互动，缺少课堂面对面授课的真实性；电视大学依靠电大系统进行开放教育，虽然克服了工学矛盾和缺乏师生课堂互动的缺点，但是由于系统庞大，存在教学质量不高、管理松散的现象。以上几种教育机构各自为战，优质教育资源不仅没有得到共享还存在资源配置不合理、优质资源少、共享程度低、信息技术手段落后等问题。

三、对策和措施

(一)健全继续教育领导管理体制

在国家层面，教育部在职成司内设立了高等继续教育处；在省级层面，2005 年，福建省率先出台了《福建省终身教育促进条例》，2006 年成立了省终身教育促进委员会。重庆、北京、上海、湖南、江苏等多个省市相继出台了加强继续教育工作的指导意见，成立了相关部门。天津市可考虑在市级层面设立天津市学习型社会建设和终身教育促进委员会，负责全市终身教育发展的规划制定、统筹协调和指导督导等宏观管理，市委市政府有关领导任委员会正副主任。委员会下设促委会办公室，由市政府副秘书长任主任，市委组织部、宣传部、精神文明办、人社局、财政局、教委、天津广播电视大学等单位为成员,负责落实继续教育发展规划、政策措施、宣传教育,协调指导学历继续教育、非学历职业技能培训和社会生活教育以及各类学习型组织建设等。在区县、行业相应成立区县、行业促委会及其办公室,负责推进本地区、本行业终身(继续)教育工作。依托天津开放大学各区县、行业学院,建立同级服务中心,作为业务指导服务机构,具体负责各区县、行业终身(继续)教育项目的实施管理。

(二)继续教育机构

1.依托电大系统,加快开放大学建设

《天津市教育综合改革方案(2016—2020 年)》第 27 条提出“依托广播电视大学系统,加快开放大学建设”的战略决策,因此我们应该抓住这个机会,凝聚政府及社会力量,将天津开放大学创办成继续教育领域中的“985”“211”院校,培养一批有较高理论与实践能力的教师,形成几个社会需求量大的重点专业,提供开放灵活的终身学习服务,满足社会成员的继续教育需求。

2.建立天津终身学习服务指导中心

依托创建中的天津开放大学建立天津终身学习服务指导中心。中心作为业务指导服务机构,具体负责全市终身(继续)教育项目的实施管理,负责天津终身教育学分银行、天津市终身教育平台(在建)的建设管理,具体指导全市终身学习服务和社区教育发展。

3.建立学分银行

《天津市教育综合改革方案(2016—2020 年)》第 26 条提出“建立涵盖各类教育的学分转换标准。建立学习成果认定、积累、转换机制”。韩国在 20 世纪 90 年代后期建立了“学分银行”,对学习者的学习成果进行认证和转换,达到一定标准可授予相应的资格。1999 年至 2011 年,共有 25 万名学习者通过学分银行获得了学位,其中 15.9 万人获得学士学位。截至 2013 年 8 月底,韩国学分银行制系统包括 218 个专业、6112 个教学科目、567 个评价认证机构的 27019 门课程,登录注册人员高达 130206 人,毕业生人数为 69773 人。上海市于 2012 年成立学分银行,学习者可以把学习成果存入学分银行,转化为合作高校相应课程的学分。学分银行已和上海交通大学、同济大学、华东师范大学等 25 家高校和教育机构达成合作关系,可以实现 139 种职业资格证书与多个专业课程的学分互认。江苏省、浙江省、广东省、河南省也都先后建立了终身教育学分银行。

天津市应考虑尽快成立天津市终身学习成果认证委员会,市教委成立学分银行管委会,由市教委及相关政府部门、有关高等学校的领导和专家组成,管委会委托天津广播电视大学构建天津终身教育学分银行网络服务平台,并负责其日常运行、维护工作。管委会制定各类非学历教育资格标准,引导继续教育机构根据标准开发课程、教学(或活动)内容及评价指标,建立不同类型学习成果统一度量标尺,创建非学历教育与学历教育学习成果等值、对应关系及转换模式。成立学分银行最大的难点在于如何实现学习成果互认。学历教育学习成果互认可考虑分为两步进行。第一步,根据天津市是全国职业教育示范区的优势,在海河教育园区几所同类型高职院校相近专业之间开展学分互认。第二步,随着试点的成熟,学分互认范围逐步扩大到全体高职院校、本科院校乃至所有的中职、高职、本科院校,实现各类学历教育之间的衔接。待学历教育成果互认成熟后再考虑实现对非学历教育的成果互认。

(三)加强法律政策保障

在国家没有出台相关法律的情况下,天津市人大应考虑加快本市终身学习和继续教育立法进程,修订完善本市继续教育相关法规;市政府出台加快本市继续教育发展的指导意见。明确政府、企事业单位、社会组织和个人的权利、义务及相关责任,切实解决成人参加继续教育的积极性、主动性、经费投入保障、费用分担机制以及在职学习者时间保障、学习成果认证与职业发展促进等问题。

(四)整合成人学历教育

函授、夜大、网络教育这三种教育形式均是以培养应用型人才为目的、针对从业人员进行的教育,只是在自学和面授的比例、学习手段和入学、毕业的方式上形式不同。三种政策的不同导致了学习者的不同选择,而各类学校为了生源"无序竞争",继续教育质量已经得不到保障。全国统一的成人高考改由各省、自治区、直辖市确定招生办法已写入《国家教育规划纲要》。百度搜索"天津电大",前 10 条网页信息有 9 条都是社会培训机构的招生信息,而培训机构并没有招生资格,只能与一些有办学资质的学校合作。培训机构负责招生,成人学校负责教学,所收学费按照利益分成已经是行业内的事实。因此继续教育领域的"三教融合"势在必行。在国家尚未出台相关政策法规之前,根据天津市高等继续教育现状,应考虑建立"宽进严出"机制,逐步整合夜大、函授、远程教育、自考等继续教育类型,取消全国统一的成人高考,不再组织统一考试,改由各校自主测试录取,建立学分银行和统一培养标准、统一学费标准。

(五)加强保障机制

1.加大对继续教育的投入

传统的成人学历教育没有生均经费,这在一定程度上限制了成人学校的发展,直接导致了一些学校为了经济利益不择手段,甚至出现了以降低教学质量为代价的降低成本的现象。而劳动者素质提高的培训肯定是建立在以政府投入为主,多渠道筹措的经费体制上,所以必须加大继续教育的投入。2012 年出台的《太原市终身教育促进条例》中明确规定社区教育经费人均 2 元;同年,江苏省关于筹建开放大学的通知中规定"对学历继续教育实行生均综合拨款制度,对公益性非学历教育给予适当补助"。天津市应把继续教育纳入经济社会发展规划和教育事业发展规划,加大对继续教育的经费投入,实施已在部分省市试行的按人口拨付社区教育经费和对成人学历教育实行综合拨款、对公益性非学历教育给予适当补助的制度。

2.严格落实企事业单位培训经费筹措制度

切实执行企事业单位按职工工资总额 1.5% ~ 2.5% 的比例筹措职工培训经费的政策,落实相关企业税收减免。对未落实上述规定的企事业单位,征收相应培训经费可充做继续教育基金,对个人支付的继续教育学费可相应的减免个人所得税。

3.鼓励社会支持和捐助

鼓励行业企业和社会团体为继续教育提供支持和捐助。对继续教育捐赠的部分,可以按规定减免税收。

(六)加强信息技术与继续教育的融合

新常态下以"互联网＋"为代表的信息技术与继续教育的融合使得优质的教育资源得以普及。大数据、互联网技术、云端的出现,使泛学习已成为社会上重要的学习方式。"互联网＋教育"为继续教育的发展提供了新的空间,为学习者提供优质教育资源和更多学习机会,推动了高等教育领域的创新与改革。目前流行的慕课、翻转课堂、微课堂都是采用了这一技术。未来社会,哪种教育形式能够满足学习者的需求,提供优质技术的手段和配套的服务,哪种教育形式才能够生存发展。

第五节　天津市技术人才的流动

表 5－5－1　天津市人才引进人数与国内其他主要城市对比发展变化（2011—2019 年）单位：万人

城市	年份								
	2011	2012	2013	2014	2015	2016	2017	2018	2019
北京	7.2	7	8	8	9	9	9	10	10
上海	4.7	5	5	6	7	7	8	8	8
重庆	0.4	0.6	0.7	1	1	1	1.5	1.8	2
天津	1.7	2	2	2	2.8	3	3	3	3.3

　　天津市目前共有 19 所公办本科高校、10 所独立学院和 1 所民办本科高校。截至 2018 年 7 月，天津市共有中外合作办学机构 2 所、项目 35 项，其中本科层次机构 1 所，项目 24 项，开设孔子学院（含课堂）38 所。天津市公办本科高校建立时间早，学科专业门类多，教学资源丰富，国外合作院校多为名牌大学，双方强强联合开展了中外合作办学、插班培养、短期交流、接收留学生等多种项目。同时，在高比例师资海外学访、进修的基础上，还建设了多个研究中心或科研平台，承办或参加众多国际学术会议，制定了较为完善的外事接待、交流出访、外教聘请等相关外事制度。但部分高校虽制定了学校定位、发展战略目标，但尚未明确"国际化办学理念或人才培养目标"；尚未建立致力于宣传中国文化以及自身优势学科的"孔子学院"，且中外合作办学机构和办学项目数量过少，国外合作院校数量少、国际排名不靠前，参与"一带一路"倡议积极性不足，具备留学生招生资格但招生数量及国别种类不多，未与沿线国家及高校开展合作。

　　天津市独立学院成立时间短，一半以上制定了与"国际化"相关的发展战略、办学理念或人才培养目标，制定了外事接待、交流出访、外教聘请等相关外事制度。但部分院校至今尚未成立独立的国际交流工作部门；国际合作院校少且大多排名中后；中外合作办学极为匮乏；尚未建立孔子学院；师资具备海外留学经历的比例少；派出进修交流或参加国际会议少；常年聘请数量较为固定的语言类外教；国外专家来校讲座不多；外语类、双语类专业课开设少；无经国际组织认证的专业；极少数院校具备留学生招生资格，但留学生生源国单一且留学生数量较少；无境外办学；尚未举办过国际会议；出国留学交流学生数量少；尚无留学基金委资助的本科生留学项目。民办高校天狮学院强调国际化办学，与数所大学建立联系，注重积极拓展国际交流与合作教育，聘请语言类外教并招收留学生，制定了外事接待、交流出访、外教聘请等相关外事制度。

公办本科高校建校时间长、办学经验丰富、师资优秀,既能够充分利用国外名牌大学教学资源,向学生传递国内外专业前沿知识、与国外师资合作共同开展科学研究,又能够实现文化输出。目前需要结合新时代、国家政策及院校实际,制定国际化发展战略并确定目标,将"国际化"这一关键词加入顶层设计中,为夯实已有基础及下一步更好的发展指明方向,积极与沿线国家高校合作建立中国研究中心或特色专业研究中心。独立学院为增强竞争力,充分意识到国际化发展的重要性,但自身及国外优质资源较为有限,应抓住契机,利用校本部资源,努力赶超校本部。相比之下,民办院校资源更为有限,国际化路线更是提升教学质量及迅速发展的关键,民办院校应在不断吸收、不断积累的过程中,形成特色,谋求可持续发展。

一、天津市本科高校国际化人才培养策略

《国家中长期教育改革和发展规划纲要(2010—2020 年)》明确提出"提升我国教育的国际地位、影响力和竞争力。培养大批具有国际视野、通晓国际规则、能够参与国际事务与国际竞争的国际化人才"。天津市教委《关于推进教育对外开放的实施细则》提出的总体思路是"着力扩大留学生规模,提升合作办学水平,加强孔子学院(课堂)建设,以更加灵活的机制、更加优惠的政策,开展全方位、多层次、宽领域的教育交流与合作"。

无论在国家或地方层面,国际化办学都享有利好政策。然而,机遇与挑战始终并存。国际化人才需要国际化教育,需要用国际化思维、意识、视野与格局来发展本土教育。

"高等教育国际化,就是将国际的和跨文化的层面融合进学校教学、科研和服务功能中去的过程。"天津市本科高校应从发展战略制定到课堂教学实施到国际交流服务等多个方面,积极落实国际化人才培养实践。

二、落实专业课程建设

学生专业开设与学科研究方向定位相关。高校应注重及时申报新专业、及时调整学科研究方向,与国家政策、国内外发展现状及专业最新动态相结合。各专业还应努力实现国际专业认证,实现国际化标准课程。同时,在课程设置上应注重培养学生思想道德素质,培育社会主义核心价值观。习近平同志提出的高校要"围绕解决好为谁培养人、培养什么样的人、怎样培养人这个根本问题",高校应培养中国特色社会主义事业的建设者和接班人。党的十九大报告也指出"加强中外人文交流,以我为主、兼收并蓄"。因此,高校应该对学生加强中国文明的教育,集中建设开设关于汉语言、中国文化、中国文学等系

列课程。加强学生国际理解教育。高校应开设世界文明、外国语言文学与文化、国际法律、国际礼仪等知识类课程,帮助学生认识和理解不同国家文化,从而使学生胸怀世界,具有世界眼光与视野,能经受多元文化冲击;有创新灵感、掌握国际规则管理,能够从事国际事务、参加国际竞争,参与国际交流。遵循国际市场需求,完善课程体系。除开设专业课程外,高校还应开设国际商务谈判、专业英语、公共演讲、团队合作、创新创业、职业道德培育等非专业课程以使学生完善知识结构,拓展国际视野、养成职业操守。除此之外,高校还应开设工具型课程以提高学生实践应用能力;改革教学方式,运用探究式、参与式教学方法,例如,开展文献阅读、学生讲演、课堂讨论、互动交流、案例分析、网络慕课、自学等新形式,注重跨学科学习和新知识学习、培养创新意识及与时俱进的科学方法与思维方式。

三、建设国际化师资队伍

党的十九大报告中提到"培养高素质教师队伍",国际化人才培养更需要高水平师资。高校一方面应注意培养老中青结合的教学力量,在年龄结构、职称结构、学历结构上科学合理,另一方面要不断提高有海外经历教师比例,培养教师双语或外语课能力,在聘用教师方面,也尽可能聘用来自不同国家地区、不同民族的教师从事管理及教学研究工作,以提高国际化程度,充分利用各种人力资源。

在以教学为主的同时,国际化人才培养同样需要高质量的科研水平。科学研究既注重基础理论也涉及学科交叉,与教学紧密结合,让教师以高水平平台为起点,不断创新教学理念、更新教学内容,从而使培养出的学生具备广泛的视野和扎实的基础。教师应积极参加国际学术组织和活动,这是国际化师资能力的标志,也是教育国际化的重要表现。针对与国外大学合作的项目,还可为学生配备国外导师,指导论文写作或毕业设计等,以此提高学生的学术能力。

四、实行国际化学习验收

学生在学业水平上与其他国家同专业、同层次的学生达到实质性等效,是检验国际化人才培养最重要的标志之一。毕业生的国际化素质也可以作为一所高校国际化人才培养的最终检验标准之一。高校应组织学生参加国际认证资质考试和国际竞赛等与专业相关度较高的社会实践活动,实施国际专业项目驱动学习,与国外合作院校学生共同完成研究项目。同时,政府应积极引导跨国企业参与高校国际化人才培养,以此建立实习基地,加强学生对专业知识的理解和运用,培养实践能力,熟悉国际化惯例。

五、开展学生国际化交流

高校应与"一带一路"沿线国家在内的不同国家地区的多所大学开展合作,通过学位项目、短期交换生项目、游学项目、国际科研项目、跨国企业实习等合作方式实现学生交流;或与国外大学合作共有专业,实行双校园上课。同时增加留学生数量,重视学生多元化。留学生在求学的同时,会与同专业中国本土学生在多元文化的氛围中,彼此增进了解、学会理解包容、扩大国际视野、树立全球意识。除了语言学习,留学生专业学习内容也需要进一步完善与丰富。现在不少本科高校虽然具备了接收留学生的师资条件和专业水平,但是基础还很薄弱。学校及上级教育主管部门应加大资金投入、制定支持和鼓励来华留学的教育政策,从而能在优势学科领域吸引更多的优秀留学生,打造更好的国际化校园。

六、开展国际化办学

作为国际化人才培养的重要途径之一,中外合作办学的核心在于实质性引进国外优质教学资源,丰富人才培养途径,满足多样化的教育需求。天津市本科高校应凭借各自特色和优势,做好申报管理环节的"四个确定"(办学专业、合作院校、合作内容与项目协议)和"三个管理"(学生、教学和行政),开展中外合作办学机构与项目。不仅要看重合作办学的教学质量,还要"注重将引进项目的成熟经验迁移到非中外合作项目,逐步扩大现今的教学方法和课程的应用范围,推动高校教学模式和管理制度改革"。具体地说,"双一流"本科大学"探索与世界一流大学开展高层次、宽领域、多模式的合作与交流,合作设立中外合作高水平大学"。综合类和特色专业类高校"选择优势学科和重点发展专业开展中外合作办学,创建一批品牌专业和师范课程"。独立学院和民办院校适应社会需求和产业结构调整要求举办创新型应用型合作项目。孔子学院是中外合作建立的非营利性教育机构,致力于增进世界各国人民对中国语言文化的了解,加强中国与世界各国教育文化交流合作。目前全球 140 个国家(地区)建立了 525 所孔子学院和 1113 个孔子课堂。各高校应积极开设孔子学院,加速中国大学的国际化过程,提升国际化办学水平,让中国文化与特色优势学科走出国门。

第六章　存在的问题

随着国家加快推进滨海新区及环渤海区域经济发展的战略步伐,定会有越来越多的国内外著名企业落户天津。因此,可以断言,在未来几年、甚至几十年内,天津经济发展对高技能人才的需求将会大幅增加。长期以来,天津市一直十分重视人才培养,尤其是高技能人才培养,在财政投入、人才培养模式和质量等方面也取得了丰硕的成果。然而,天津市基于环渤海区域经济发展的高技能人才培养还存在诸多问题。

第一节　高技能人才短缺

根据前文分析的高技能人才队伍建设的现状和人才培养的现状可知,随着天津市社会经济的发展,其对于各类人才的需求持续增加,尤其是对高技能人才的需求增长更为迅速,但高技能人才的供给却没有跟上,高职院校培养的毕业生数与社会需求相距甚远,再加之有些毕业生不符合企业要求,或者不想从事技术工作,或亦是不愿留在天津,这些不可控因素导致高技能人才短缺情况严峻,高技能人才总量供给不足。虽然劳动力市场处于供大于求的状态,但对于高技能人才的需求却远高于供给,因为目前劳动力市场多是从事基础操作的初级工,其人数比例占技能人才总量的近一半,高级工的数量仅占20%。面对天津市目前产业发展现状,即八大支柱产业中新能源、智能制造、航空航天等新兴产业的迅速崛起和纺织轻工、电子信息、石油化工等传统产业的转型升级,以及一些落后的、重度污染如水泥、焦炭、炼钢等产业的逐渐淘汰,整个产业结构处于优化调整的过程中,这就需要能够带动新型产业发展和适应传统产业转型的高技能人才,然而近几年高新技术领域高技能人才短缺的现象越发严重,尤其是高技术水平和高职称的技能人才更是寥寥无几。

第二节　高技能人才结构不合理

高技能人才队伍除了总量不足之外,结构也存在诸多问题,主要表现为以下两方面。

一是高技能人才的技能结构不合理,初、中、高、技师、高级技师比例呈金字塔形,与理想状态的纺锤形相距甚远。目前天津市的高级工及以上的技能人才仅占技术工人总数的27%,而这27%的高技能人才中真正符合企业所要求的具有扎实专业基础知识和高水平专业技术的复合型技术人才比例更低,高级技师比例仅有5%,接受过高等教育的高技能人才比例不到20%,尤其是一些重点产业如新能源、半导体、航空航天等高新产业,对技能劳动者的要求更高,其不仅要掌握较高的本行业专业技术,还要具备信息搜集处理、团队协作、计算机、外语等相关行业的职业技能,符合这些要求的高技能人才数量更少,高技能人才的技能结构与企业需求相距甚远。二是高技能人才的年龄结构不合理,根据对天津市部分企业的调查可知,目前天津市高技能人才的年龄结构呈现老龄化趋势,45岁以上的高技能人才占高技能人才数的近一半,青年的高技能人才数严重缺乏,高技能人才年龄整体偏大。并且随着老一代高技能人才的逐渐退休,出现了新一代高技能人才数量不够接替老一代岗位数的情况,即高技能人才培养速度比退休速度慢,造成了技能人才的断层和技术岗位的后继无人,这制约了天津市先进制造业的发展。

第三节　高职院校专业结构不合理

通过上文比较高职院校学科专业结构与社会产业发展的需求可知,目前天津市高职院校的专业结构设置不合理,没有及时与产业需求对接。虽然学科大类基本覆盖了优势产业,但深入细致分析比较就会发现,高职院校缺少很多完全对口企业需求的专业,特别是一些高新技术重点产业,例如与航空航天有关的试飞技术计划员、试飞机械技工、试飞航电技工、飞机喷漆工等技术职业,以及节能环保、高端装备制造、半导体等战略性新兴产业,高职院校的专业目录中没有对应专业。同时这也反映出深层次问题,即高职教育与企业需求脱节,高职教育在专业课程设置、教学方式、教学质量等方面都存在不足,导致其培养的学生毕业后无法满足企业的需求,出现了毕业生就业率低和劳动力市场严重缺少高技能人才的两难局面。

第七章　结论与建议

第一节　结论

　　天津市把建成全国先进制造研发基地作为城市未来的发展目标,而建设先进制造研发基地的重中之重是发展高新技术产业,高新技术产业的发展必须依赖高技能人才,但就前文分析总结的高技能人才队伍的现状和培养情况来看,整个天津市的高技能人才培养与建设仍存在一定问题。本节内容将深度剖析导致问题产生的原因,以便有针对性地提出高技能人才队伍建设的对策。

一、高技能人才的社会认同感低

　　受中国传统思想"学而优则仕"的影响,社会大众对体力劳动者有一定的偏见。不可逾越的重书本轻实践,重仕途轻工匠的落后思想,使体力劳动者和脑力劳动者之间始终存在着鸿沟。"万般皆下品,唯有读书高"的传统封建思想一直影响着我国的育人、识人、用人制度,造成了大众对"凭手艺吃饭"的技术工人的轻视,使体力劳动者的社会地位和经济地位低于同等级的脑力劳动者。

　　对人才的片面认识导致职业技能教育不为社会所重视,大众认为只有普通高等院校培养的学生才是人才,而高职院校培养的学生只是工人,在这种观念的驱使下,高职院校的学生自身对其职业的认同感普遍偏低。很多学生不愿选择就读高职院校,进而引发高职院校招生难的问题,导致高技能人才源头上供给不足,选择就读高职院校的多是成绩不理想、各方面能力较一般的学生,高职院校生源质量不高,导致高技能人才源头质量较差。片面的对人才的认识,除了影响高职院校的招生数量和学生质量外,还制约了高职院校的培养理念,导致天津多数高职院校拘泥于培养传统人才的办学理念,轻视社会实践,重视理论知识,高职教育长期得不到重视和发展,源头上阻碍了高技能人才的培养。

二、高技能人才薪酬不高

薪资报酬作为物质激励的主要方面,成为各个行业吸引人才的重要手段。但由于高技能人才不被重视,其社会地位与管理层人员相差较大,导致他们的经济地位较低,相应的工资、奖金等福利待遇都低于管理层。根据调查显示,天津市高技能人才薪酬比社会平均城镇职工的工资低,一名高级工的平均月收入相较普通工人没有明显差距,与中级工相比只多了两三百元,至于住房、奖金、进修培训等其他福利只有少数高技能人才有资格享受。总的来说,高技能人才的薪资报酬没有层次性、系统性的规章制度可以参照,企业为了降低成本降低高技能人才的工资,使他们的收入与普通技工没有太大区别,薪酬不高直接导致高技能人才工作的积极性降低,缺少自我提升技术技能水平的动力,同时也影响了初、中级工向高级工学习和转化的积极性,进而阻碍高技能人才数量和质量的提升。

三、高技能人才成长缺少有力的政策支持

受计划经济体制的长期影响,管理者和被管理者的身份地位等级分明,干部和工人之间差距较大,虽然我国改革开放后人才政策改善了很多,但政策的重心依旧偏向对知识型人才的培养,高技能人才的成长和队伍建设缺少有力的政策支持。天津市也不例外。长期实行计划经济管理体制的后遗症使得高技能人才在企业中被严格的等级制度限制,其工资福利、个人升迁、养老保险等工作待遇都不及管理层,高技能人才为了提升自己各方面的待遇不得不努力成为管理者,但追求升职加薪的同时会使其将工作重心从钻研技术转移到管理上,造成高技能人才对本职工作懈怠,影响了高技能人才队伍技术水平的提升,导致天津市高技能人才资源配置的错位和浪费。

此外,由于高技能人才培训、考核缺乏相应的政策扶持,导致其地位不被社会认可,无法发挥他们的社会作用,个人的发展也受到限制。虽然我国有相关法律规定,要求劳动部门和教育部门对技术工人的培训和考核负责,但由于缺少科学合理的考评体系和严格的制度规定,相关部门在培训和考核的实际操作中敷衍了事,以统一发放证书作为考核结果,根本不重视培训的过程和效果,这不仅挫伤了技能人才的工作积极性,还使其技能证书的权威性遭到质疑,无法获得企业的认可。可见,政策的不合理和缺失严重阻碍了高技能人才队伍建设。

四、高职院校经费投入少

我国教育投入的重心是普通高等院校,对于高等职业教育的资金投入较少,天津市也不例外。"985""211"高校优先享受天津市的各种奖学金、就业政策,其次是普通高等院校,针对高职院校的政策数量较少。目前天津市高职院校的办学经费主要源于行业支持和企业赞助等,政府投入的很少,因此高职院校办学经费不足情况普遍,这严重地影响了高技能人才的培养质量。由于办学经费有限,再加上设备的维护、维修都需要资金的投入,导致高职学校的实践教学设备落后、数量不足,与企业发展需要的新设备、新工艺等无法对接,高职院校的学生无法及时有效地接受实践的培训,也就无法掌握先进的技术,造成其就业后所掌握的技术与产业需求不匹配,尤其是高新技术产业的工作。可见高职院校由于经费投资渠道不畅、投入不足,依旧采用传统专业的实习基地,实践教学设备不能满足技能教学的需要,且普遍滞后于产业的发展,一些新的产业所对应的专业甚至没有实习基地,高职院校学生接触不到最新的设备,只能掌握最基本的操作,技术水平得不到提升,职业技能训练效果较差。所以,高职院校经费不足直接影响了技能人才的培养质量和数量。

五、高职教育与企业需求脱节

受我国传统人才培养理念的影响,高职教育的培养模式仍参照普通高等院校的模式,而没有根据自身的特点准确定位,没有采用适应职业教育发展的人才培养模式,造成其培养的高技能人才无法满足企业的需求。

高职教育与企业需求脱节具体表现为两个方面,一是高职院校的教学内容和方式方法与企业发展脱节。受应试教育的影响,高职教学内容仍以理论知识灌输为主,忽视了实践教学在高技能人才培养中的重要作用,加之课程和教材的相对老化,导致教学内容与实践脱节,学生无法在实践中验证所学到的技能知识。同时高职院校多采用传统的以教师讲授书本知识为主的教学方法,学生在这个过程中处于被动的状态,其思维、心理、情感、道德等素质的培养没有受到重视,这种教学方式培养出的学生能力与职业标准难以匹配。二是高职院校的实践教学与企业生产设施脱节。由于高职院校缺少与企业的有效沟通,加上经费不足,其实践教学的设备跟不上企业生产设备的更新换代,虽然天津市政府近几年投入了较多的资金用于建设实习实训基地,但由于大量设备需要投入和维护维修使得实习实践所需的成本较高,一些高职院校无力承担,只能减少实践教学的环节,或是采用落后甚至是淘汰的设备,高职院校实践教学装备的先进性、通用性和仿真性不高,导致高技能人才没有真正的技术实力,进入企业后不能满足企业实际生产的技术需要。不过,随着海河职教园区的建立和现代职业教育改革创新示范区在天津的落户,高技能人才实训基地建设取得了较大成就,但目前天津职业院校培养出的高技能人才效果并不乐观。

六、高技能人才缺乏企业培养

企业作为高技能人才成长和实现自身价值的重要基地,在高技能人才培养过程中扮演着不可或缺的角色。企业的培训不仅能够提升高技能人才的技术水平,还能增加高技能人才对企业的忠诚度和归属感。但目前天津市许多企业为了追求利润最大化,忽视了对高技能人才的培训,企业缺乏行之有效的高技能人才培养制度,具体表现为以下三点。首先,企业在高技能人才的培养内容和方式方法上缺乏科学合理的规划,形式随意,没有真正重视高技能人才的培养。其次,对高技能人才没有形成健全的激励机制,许多企业缺乏对有杰出贡献的一线技术人员的奖励,高技能人才无法获得应有的奖励,导致很多技术水平不高的年轻技能人才失去了成长的动力,无形中阻碍了企业的发展。最后,企业还未形成有效的留人机制,由于无法解决高技能人才的户口、住房、子女教育等问题,造成大量高技能人才流失。综上,虽然企业是用人单位,但同时也承担着育人的责任,尤其是对于高技能人才来说,其技能成长的主要途径是企业培养,然而在现实中企业更注重怎样利用高技能人才获得更多的利润,却忽视了对其的培养,没有将用人机制和育人机制有机结合,使高技能人才的情感和技能无法与企业相生相长,这从长远看不利于企业的发展壮大。

第二节　建议

高技能人才已成为天津市发展成为全国先进制造研发基地的重要人才资源之一,但根据前文分析的结果看,天津市的高技能人才队伍仍面临总量不足、质量较低和结构不合理等问题,因此,为了尽快实现天津创新型城市的建设,有必要研究加快、加强高技能人才队伍建设的对策措施。

一、更新人才观念,树立同等的教育观念

高技能人才成长首先要拥有一个良好的社会环境,需要社会大众的认可与支持,因

此改变传统"万般皆下品,唯有读书高"的人才观迫在眉睫。作为社会大众应该认识到我国目前还处于社会主义初级阶段,社会发展除了需要高层次、高学历的脑力劳动者,更需要能够从事生产一线技术工作的体力劳动者。天津市作为一个以制造业为主的工业城市,其发展更离不开那些拥有精湛技艺的高技能人才。因此,天津市政府应利用报刊、广播、电视、网络等媒体,宣传技术技能人才的重要作用,以及他们为社会做出的贡献,例如,中央电视台2016年播出了《大国工匠》系列纪录片,该片播出后反响强烈,不仅让大众了解了奋战在生产一线的技术工人们不为人知的一面,加深了人们对高技能人才的了解,同时也改变了人们对技能人才的看法,被他们精湛的技术深深折服,无形中提高了高技能人才的社会地位。天津市政府也可选取本市有杰出贡献的高技能人才,制作相关宣传影片,把他们的高超技艺展现给大众,这有利于人们冲破传统人才观念的思想禁锢,更新人才观念,转变对一线技术工人的偏见,并引导大众认识到高技能人才与管理经营人才和科学研究人才是同等重要的,他们都是推动经济社会发展的不可或缺的力量,这样能够形成一个尊重劳动、尊重人才的良好社会氛围。在更新人才观念的同时,还要树立同等的教育观念,这不仅体现了教育的公平与民主,还遵循了终身教育和全民教育的理念。同等的教育观念要求各级教育部门和党政机关摒弃"轻职业教育、重普通教育"的错误观念,大力发展职业教育,深刻认识职业教育的本质、地位与作用,正确处理普通教育与职业教育、普通高校与职业高校的关系,建立两者之间的"等价机制",完成九年义务教育的毕业生既可以选择职业教育,也可以选择普通教育,但不论选择哪种教育,最后都可以成为社会所需的人才,这样有利于促进各类人才的均衡发展,实现社会公平。

二、建立多元资金投入及倍增机制

充足的资金投入是高技能人才队伍建设的重要保障,目前天津市高技能人才队伍建设仍面临资金不足的困境,因此,需加大对高技能人才培养的投资力度,建立以政府投入为引导、企业投入为主体、社会融资为基础、风险投资为支撑的多元化投融资和倍增机制。

一方面,天津市政府应根据本市人均GDP(国内生产总值)和生产力情况,逐渐增加用于表彰、培训、教育、师资建设等培养高技能人才活动的经费,通过设立"天津高技能人才开发创新基金",激励人们不断提升自身职业技能素质,为高技能人才的成长提供充足的资金保障。

另一方面,可通过国有企业、民营企业、合资企业、外资企业投资的方式筹集资金,同时鼓励各类金融机构为高技能人才的培养提供融资服务,并发动社会各界人士为高技能人才提供捐赠。此外,高职院校可以利用自身优势获得创收,通过将闲置的实训基地租赁给企业或是提供培训班等各种有偿服务,来拓宽学校资金来源的渠道,这不仅有利于学校自身的发展,还能给社会带来更多效益。因此,要想解决高技能人才培养经费不足的困境,必须在政府的引领下,积极地调动社会各界的力量,利用多种手段,扩大资金投入的规模和渠道,逐渐吸纳、增加高技能人才的培养经费,实现资金使用效益的最大化。

三、创新高职院校高技能人才培养模式

根据前文可知,天津市高技能人才存在数量不足、质量不高和结构不合理等问题,尚不能满足天津市产业发展的需要,而造成这些问题的主要原因之一是高职院校人才培养模式的滞后,作为培养高技能人才的基地,创新人才培养模式对高职院校而言迫在眉睫。

第一,各高职院校要重新定位自身的发展方向,应以服务天津市经济社会发展为目标,以培养满足天津市产业发展需要的高技能人才为首要任务,逐层深入改革高技能人才培养模式。高职院校应在明确天津市未来经济社会发展目标和需求的前提下,合理规划自身的办学规模和招生规模,将自身发展与天津市经济社会发展紧密相连,将高技能人才培养与产业改造升级紧密结合,并以带动环渤海区域经济发展作为办学的更强动力,发挥高技能人才培养对区域的辐射作用,为区域的经济建设输送更多高技能人才。

第二,各高职院校要及时更新教学内容和教学方法。高技能人才是工作在一线的技术人员,故教学内容应以专业技术知识为主,并确保这些专业知识的时效性及可应用性。由于产业更新速度较快,相关设备的操作和应用技术也在不断更新,如果高职院校不能紧跟产业发展的步伐,教学内容仍以数年前产业结构的情况为主,其培养出的高技能人才进入企业后则不能将学到的职业技能知识应用于工作中,甚至不具备最基本的动手操作能力。

第三,高职院校还应加强学生的英语学习,随着滨海新区的开发开放,越来越多的外资企业入驻天津,许多重点产业的企业都是国际大型企业,对高技能人才外语水平要求也较高,因此强化高职院校的英语教学势在必行。

第四,各高职院校要根据天津产业发展情况调整专业结构设置。根据前文分析结果可知,天津市目前的八大优势产业和重点产业中的部分新兴产业与现有的高职院校招生专业不匹配,一些高新技术产业、高端装备制造业和新能源产业高职院校都没有开设对口专业,更没有对口的毕业生,而这些新兴产业是支撑天津市未来发展的重要保障,因此高职院校必须开展全方位的市场调研,以行业企业和岗位技能需求为导向,整合现有的专业资源,即一方面要从高职教育的整体出发,减少专业重复,提高专业教育资源的利用

率,科学、合理地合并相同或相近专业;另一方面要推陈出新,淘汰与社会需求不相适应的传统专业,增设重点工程发展急需的新专业,如航空航天、新型智能终端、三维打印技术等方向的专业,以确保专业建设适应产业发展,专业设置符合产业变化。高职院校在进行专业调整时需注意以下三个方面:一是各专业的招生规模要根据社会需求而定,以保证教育效益的最大化;二是在整体上控制每所高职院校总的专业数量,以便其集中精力发展优势专业;三是科学的管理高职院校的专业发展,使其形成合理的专业结构与布局,从而实现专业设置整体与局部、数量与质量、长期与近期等方面的和谐。总之,面对天津市产业改造升级步伐的不断加快,高职院校只有及时调整专业结构设置,才能避免人才培养结构与产业结构不匹配的情况。

第五,各高职院校要着重完善实践教学模式。高技能人才是集专业知识、技术技能和操作经验于一身的技术人员,因此培养高技能人才的实践操作能力是高职院校的教学重点,高职院校的实践教学要能让学生在"学习—实践—再学习—再实践"的循环往复中探索和掌握技术操作的要领及技巧,为此高职院校可采用"订单式培养"这种理论与实践相结合的人才培养模式。所谓"订单式培养"是指针对社会和市场需求,高职院校与企业共同制定人才培养计划,签订用人订单,通过工学交替的方式分别在职业学校和用人企业进行联合教学,学生毕业后直接到用人企业就业的一种工学结合人才培养模式。该培养模式实际上是一种将"教、学、做"融于一体的情境教学模式,采用"订单—校内教学—企业实训—校内或企业教学—就业"的方式,将校内教学、实习与校内外生产型实习基地的顶岗实习结合起来,使学生在"做中学",教师在"做中教",并按照工作岗位的不同要求将理论教学与实践教学有机地结合,建立完整的职业能力训练体系,实现了高职院校与特定企业之间的零距离对接。"订单式培养"通过企业和高职院校联合培养,将企业实践和校内课堂教学这两个原本分离的个体有机融合到一个整体中,将企业的用人标准融入高职教育的教学中,有利于学生更快地掌握相应岗位所需的专业技术和基本技能,更好地熟悉重点工程的生产工艺、技术路线和先进设备,进而使学生最大限度地具备高技能人才的各类特质。

四、完善高技能人才培养体系

就天津市目前的高技能人才培养机构情况来看,大部分的高职院校都是行业企业办学,但行业办学并没有将全市资源有效整合,且行业的参与度较低,导致高技能人才队伍结构不合理。因此,有必要完善在政府领导和社会支持下的、职业教育和企业培养紧密结合的,企业行业和各职业院校为主体的高技能人才培养体系。首先要积极发挥高职院校、技工学校、民办职业培训机构等高技能人才培养机构的培养基地作用,通过建立公共实训基地的方式,既解决了教育机构经费不足的问题,又有效整合了实践教学资源。其次要充分发挥行业和企业的主体作用,行业主管部门应参照本行业生产技术发展与创新的需求,预测和制定本行业高技能人才培养的合理配置标准,并依法建立和完善技能人才培训制度。最后还要推进高职院校与行业合作办学的双主体培养机制,一方面,高职院校应以行业的需求为导向,行业的岗位要求为依据,改革教学模式,鼓励在校生参加职业技能培训;另一方面,企业要根据自身的需求,积极与高职院校签订人才培养计划,提供实训场地和指导老师,帮助提高实习学生的技术技能水平。通过完善行业企业和高职院校双主体办学的高技能人才培养体系,有利于解决天津市高技能人才队伍建设质量和数量的瓶颈问题。

五、健全高技能人才队伍建设外部支撑保障体系

(一)人才使用方面的对策

首先,政府应以培养高技能人才为核心,健全高技能人才的选拔、使用、激励、评价、交流等政策体系,给企业和用人单位提供政策上的引领。例如,大力实施"四年三万新技师""高技能人才培训""技能振兴行动"等高技能人才培养工程,形成政府引领之下的高技能人才使用制度。其次,政府要把人才的使用与天津市优势产业和重点产业的发展需求紧密结合,即根据市场需求引导高职院校和培训机构展开对高技能人才的培训,按照"需求引导培训、补贴对应等级"的思路,对各个岗位的高技能人才需求进行调研,并在此基础上编制岗位需求目录,并组织院校和企业根据目录有针对性和时效性地实行培训,对于人才极度紧缺的岗位,政府可通过购买培训成果等职业培训补贴办法,给予院校或企业50%～100%不等的培训成本补贴。最后,用人单位要不断完善以创新考核方式为重点的评价机制,在实施评价时应从以下三方面入手:其一,要优化岗位使用机制,通过高技能人才广泛参与重大技术攻关和技术革新项目,来加强高技能人才与产业科技项目的对接,从而促进创新成果转化为现实生产力;其二,实施评价要在生产一线中进行,即对于高技能人才的考核要立足于生产服务的过程,并根据岗位所需的生产工艺、技术、设备要求,开展面向企业一线的考评,这有利于培养紧跟企业需求的高技能人才;其三,建立以工作业绩为重点,以职业能力为导向,注重知识与职业道德水平的技能人才评价体系,即对工作业绩突出、技术技能高超的在岗技能劳动者,能打破身份、等级、工龄的限制,让其破格参加技师、高级技师的考评,使优秀高技能人才脱颖而出。

（二）人才待遇方面的政策

政府应完善以激励机制为重点的人才待遇政策，为高技能人才成长提供良好的环境和氛围。通过实施天津市高技能人才评选奖励办法，提高技师和高级技师等技术人才的津贴补助，对有突出贡献的技师、高级技师，市政府应再给予相应的奖励，并将高技能人才纳入享受国务院政府特贴评选的范围。此外，还要继续完善优化高技能人才的社会保障制度。除了给予高技能人才普通社会保障，还要给予其某些特殊保障。例如，行业企业可以为高技能人才购买人寿保险，以便他们退休时可一次性获得保险单上的全部本金及其增值部分；在提供最低保障的基础上，政府可以通过为高技能人才建立社会保障补助基金的方式，进一步对高技能人才的社会保障待遇给予补助；赋予高技能人才股票期权或技术入股的权利；采取联动机制快速解决职称跨系列平转、评定、保险、医疗、入境、落户、子女入学、配偶就业等实际问题。

参 考 文 献

[1] Hu, Xianghong, Yang, Shanlin, Hou, Weiguo. Quality technical talent development status quo and development trend analysis[J]. 2013.

[2] 国际劳工局.关于有利于提高生产率,推动就业增长和发展的技能的结论[R].国际劳工会,2008.

[3] 翟海魂.规律与镜鉴——发达国家职业教育问题史[M].北京:北京大学出版社,2019.

[4] 肖坤,夏伟,卢晓中.论协同创新引领技术技能人才培养[J].高教探索,2014,000(003):11-14.

[5] 肖坤.产业升级与创新创业型技术技能人才培养探索[J].中国成人教育,2013.

[6] 孔凡菊.高技能人才培养的重要性和紧迫性[J].济宁学院学报,2007,28(005):95-98.

[7] 王守庆,赵庆松.国际化创新型技术技能人才培养体系探索与实践[J].潍坊工程职业学院学报,2018,031(002):22-25.

[8] 于志晶,刘海,岳金凤,等.中国制造2025与技术技能人才培养[J].职业技术教育,2015(21):10-24.

[9] 卢利琴.浅议高技能人才培养的重要性及途径[J].呼和浩特科技,2009(1):32-33.

[10] 刘晶.试论高技能人才培养的意义与对策[J].吉林教育(教科研版),2007,000(011):5-5.

[11] 秦帆.天津市发布《教育综合改革方案(2016—2020)》培养本科层次技术技能人才[J].中国工人,2016(10):34-34.

[12] 孟湘来,杨超.技能型人才培养研究——基于天津市百万技能人才培训福利计划[J].成人教育,2018,v.38;No.376(05):73-77.

[13] 吕一中,武飞,龙洋,等.高端技术技能人才贯通培养试验项目的人才培养改革探索[J].北京财贸职业学院学报,2016,032(001):50-53.

[14] 郭广军,龙伟,刘跃华,等.高素质应用型技术技能人才培养模式探索与实践[J].中国职业技术教育,2015,000(015):70-76.

[15] 闫利雅.高素质技术技能人才的内涵[J].高等职业教育——天津职业大学学报,2020,029(001):58-63.

[16] 姜大源.技术与技能辨[J].高等工程教育研究,2016(4):71-82.

[17] 严雪怡.为什么必须区分技能型人才和技术型人才[J].机械职业教育,2010,000(010):3-5.

[18] 王玲.高技能人才与技术技能型人才的区别及培养定位[J].职业技术教育,2013,34(028):11-15.

［19］孟庆国，曹晔. 技术技能人才培养:高等教育体系的应有之物［J］. 河北师范大学学报(教育科学版)，2014(2).

［20］佚名. 职业教育发展要深刻理解技术和技能之间随动、伴生、互动的关系［J］. 职业技术教育，2016(19):7－7.

［21］侯同运. 继续教育概念辨析与基本特征研究［J］. 河北大学成人教育学院学报，2013(01):32－35.

［22］王伟国，张胜芳. 当前我国人才流动的特征及原因探析［J］. 重庆职业技术学院学报，2003，2(001):18－20.

［23］Yuli L，Chunmei H，Xueyun Z. Domestic and Foreign High－skilled Personnel Training Situation and Developing Trend［J］. *Weifang Higher Vocational Education*，2008.

［24］Yao G. Analysis and Enlightenment of English Modern Apprenticeship Talent Training Model［J］. *Value Engineering*，2018.

［25］董甜园，王正青. 二战后英国技术技能型人才培养政策、特点与发展趋势［J］. 继续教育研究，2018，000(003):115－120.

［26］高丽. 英国高技能人才培养政策研究［D］. 华东师范大学.

［27］Haiyong W，Jianqing L. Policy Mechanism and Practice Innovation of Talents Training in American U-niversities［J］. *China Higher Education Research*，2016.

［28］郭利辉. 美国应用技术人才教育发展的启示［J］. 许昌学院学报，2016，35(002):140－143.

［29］朱士中. 美国应用型人才培养模式对我国本科教育的启示［J］. 江苏高教，2010(5):147－149.

［30］刘冬,王辉. 英美两国技能人才培养模式体系化变革的成功经验与启示［J］. 中国职业技术教育(21期):64－69.

［31］Sun Mai. Case Study of Talent Cultivation Mode For Undergraduate Study in China and Australia［J］. *Interdiplinary Journal of Contemporary Research in Business*，2012.

［32］刘文英、李克文、邹晶杰,等. 澳大利亚实践型人才培养的启示［J］. 教育评论，2018，000(007):161－164.

［33］董鸣燕. 澳大利亚应用技术型人才培养体系［J］. 世界教育信息，2015，028(024):55－58.

［34］胡卫中，石瑛. 澳大利亚应用型人才培养模式及启示［J］. 开放教育研究，2006，012(004):92－95.

［35］吴修利、于化鹏、赵大芳,等. 转型背景下澳大利亚的职业教育对我国应用型人才培养的启示［J］. 科技视界，2019(30).

［36］Hui L I，Wei L I. On Japan's Senior Professional Personnel Training Experience and Its Enlightenment［J］. *Adult Education*，2008.

［37］刘湘丽. 日本技能人才培养新制度:实践型人才培养体系［J］. 中国培训，2009，000(003):59－61.

［38］郑成功,李彬.日本政府推动技能人才培养的组织体系与政策措施[J].日本研究,2014(2):12-18.

［39］Hong S . Enlightenment on the Innovation of Talent Cultivation Mode for Five-year Higher Vocational Education from Canadian Secondary Education[J]. *Office Informatization*, 2015.

［40］Zhuo L U . The Mode of Talent Cultivating Mode in Canadian Community Colleges and Its Inspiration [J]. *Adult Education*, 2017.

［41］安雪琳.加拿大技能型人才培养模式研究与启示[J].天津电大学报,2016(4):56-61.

［42］Haijing Y . Comparison of Corporation of Enterprising and Learning and Talent Cultivation Models of Higher Vocational Education in the U. S. Germany,Japan and Australia[J]. *Vocational & Technical Education*, 2006.

［43］LUO Wei-si. Model of Talent Training of Foreign Higher Vocational Education and Revelations[J]. *Journal of Tonghua Normal University*, 2011.

［44］刘伟.具国际竞争力高端技能人才培养与评价探析[J].职教论坛,2013,000(008):52-54.

［45］董鸣燕.国外高层次应用技术型人才培养模式对我国的启示[J].世界教育信息,2015,028(024):76-79.

［46］彭振宇.国外技能人才培养模式的共性与趋势[J].职教论坛,2015,000(027):92-96.

［47］杨德生,赵春林,梁炜.国外继续教育人才培养模式及其对中国的启示[J].继续教育,2013(05):61-64.

［48］王晓虹.借鉴国外成功职业教育体系,探索中国高技能人才培养模式[J].教育现代化,2020,007(004):70-72.

［49］Yan-Xiang M A , Zhong-Hong C . On the Reform of University Personnel Training Model and Its Trend[J]. Journal of Lanzhou Jiaotong University, 2009.

［50］Youhua C . Reform Exploration and Practice of Diversified Personnel Training Modes in Local Universities[J]. Shanghai Journal of Educational Evaluation, 2015.

［51］Lei M A , Lei S . Research on the Overview on Technical Skills Talents Cultivation under "Made in China 2025"[J]. *Journal of Heilongjiang Vocational Institute of Ecological Engineering*, 2019.

［52］王双明,付世秋.技术技能型人才培养质量评价体系的构建[J].黑龙江畜牧兽医,2016,000(012):250-252.

［53］樊燕.我国高技能人才队伍建设现状及策略研究[D].

［54］赵长禄.面向世界一流大学目标建设高水平人才培养体系[J].中国高等教育,2019,000(003):40-42.

［55］马树超.对职业教育发展未来30年的展望[J].职业技术,2008,000(012):4-6.

［56］Bing-Yan Y U , Ya-Dong H U , Xin-Yi Z . Ways and Methods of Constructing "Double-skilled"

Teachers in Higher Vocational Colleges in the New Era[J]. *Journal of Anhui Vocational & Technical College*, 2019.

［57］刘海妹，王彦新. 大数据背景下继续教育体系构建研究［J］. 科技与创新，2018，000（001）：87－88.

［58］武婧. 天津市高技能人才队伍建设研究［D］.

［59］董焕和. 天津市高技能人才培养现状［J］. 职业，2016，000（027）：38－39.

［60］魏红，李强. 天津市本科高校国际化人才培养探究［J］. 教书育人（高教论坛），2019，000（003）：16－18.

附　录

附录一　普通高等教育对技术技能专业人才培养的影响

谭金生　刘澎

摘要:在社会经济高速发展变化的背景下,技术技能人才的培养已逐渐成为教育改革的核心,加强人力资本投资,通过教育培养培训劳动力市场需要的技术技能复合型人才,已成为世界各国的共识。本文通过借鉴世界其他国家高等教育培养培训技术技能人才的经验,阐述了普通高等教育对天津市技术技能人才培养体系构建的影响。

关键词:技术,技能,高等教育,体系构建

在经济全球化和知识经济发展的背景下,技术技能人才培养培训逐渐成为各国教育改革发展的核心领域。一个经济体在一个特定时期可以获得的所有技术技能的总和组成了一个国家的人力资本,不同层次技术技能拥有者成为国家整体的技术技能形态体系,也就是人力资源体系结构,技术技能开发将决定个体、社会及国家是否可持续发展的重要因素。

作为世界上最大的发展中国家,我国面临严峻的经济增速进入新常态、人口快速老龄化以及制造业由中低端向中高端转变的现状,全面提升人口的技术技能水平,解

作者简介:

谭金生,男,1963 年 12 月,高级工程师,天津广播电视大学继续教育学院副院长,主要从事学历教育与非学历教育的研究。

刘澎,男,1971 年 7 月,助理研究员,天津广播电视大学继续教育学院副院长,主要从事学历教育与非学历教育的研究。

决我国的技术技能人才短缺问题,是新时代背景下我国实现产业结构调整和经济高质量发展的关键和重要战略。

一、社会的发展孕育着教育发展变革

高等教育是教育系统中的重要组成部分之一,主要以培养研究型和应用型高技术技能人才为主。研究型高等教育主要培养未来从事理论研究及科学探索的技术技能人才,应用型高等教育则培养充实生产工作一线的技术技能人才。传统的高等教育的培养模式已远远不能满足现代社会金融、计算机、航天、基础建设等各个领域对技术技能人才的需求,同时也制约着以上各个领域的可持续发展。

(一)国外高等教育给我们的启示

技术技能人才历来都是一个国家发展的基石,任何制造业基础实力雄厚的国家都离不开优秀的技术型人才,例如欧洲的英国和我们的近邻日本。但同为制造业大国,我国庞大的人口基数,但制造出的产品并不尽如人意,这与我国高技能人才的缺失有关。

第一,英国政府颁布一系列的教育政策,进一步加强教育界和产业界的交流与融合,提高技术技能型人才培养质量。1987 年的《迎接挑战》白皮书建议扩大高校招生人数,通过校企合作和产教融合的办学形式提高劳动力的学历层次,弥补劳动力的技能不足,使教育有效地服务于地方经济的发展。

第二,美国创建"合作教育"的人才培养模式是校企合作的雏形。它强调了理论和实践的结合,强调了学以致用的教育理念。这种高等教育模式融合美国教育界、工商企业界、劳工界和社区各方力量,共同帮助学生在学校学习理论知识,在实际工作岗位中学习实际操作技能,为学生指明了就业方向,使学生增强了就业信心。有些技术学院还与企业合作开展"订单式培训计划",由企业提出人才需求,由高等院校按需开展教育培养计划,达到企业生产所需技能水平。

第三,澳大利亚高等教育学院的教学重点放在本科生和本科生以下层次。20 世纪70 年代,高等教育学院的文凭课程逐渐被学位课程取代,其开始授予学士学位,但仅能授予普通学士学位而不能授予荣誉学士学位。高级教育学院逐步形成了与银行、企业、工厂、政府机构等社会各界有紧密联系的高等专业教育体系。澳大利亚联邦政府在社会宣传、经费拨款等方面采取了一系列措施,让高等教育学院逐渐意识到自己在双轨制下的尴尬身份与不利地位。面对经济的持续下滑及高等教育中出现的一系列问题,澳大利亚逐步取消了综合性大学与高级教育学院并存的双轨制,实行"一体化"。这一改革所采取

的方式是合并若干高等技术学院为新的技术大学,而不是直接升格为综合性大学。这次
改革促使新的技术大学规模急剧扩大,但这次教育资源的整合与重新分配极大地提高了
高等教育系统的效率。

通过对英国、美国、澳大利亚等国家人才培养体系的研究可知,各国在不断探索高等
教育发展的进程中,形成了各具特色的人才培养模式。外国技能人才培养模式的共性主
要体现在法律保障、政府支持、途径多样、终身学习四个方面,其发展趋势集中在以下几
点:一是重视技能人才培养,提升国家核心竞争力;二是提高职教社会地位,构建普、职等
值体系;三是关注人才培养质量,促进经济社会发展;四是完善人才培养体系,回归职业
教育本质。国外的有益经验对于我国技术技能人才培养体系的构建具有十分重要的借
鉴作用。

(二)我国高等教育发展的现状

2020 年 5 月,教育部公布的 2019 年全国教育事业发展统计公报显示,全国各类高等
教育在学人数总规模为 4002 万人,高等教育毛入学率为 51.6%。截至 2020 年 6 月 30
日,全国高等学校共计 3005 所,其中普通高等学校 2740 所,含本科院校 1258 所、高职(专
科)院校 1482 所,成人高等学校 265 所。

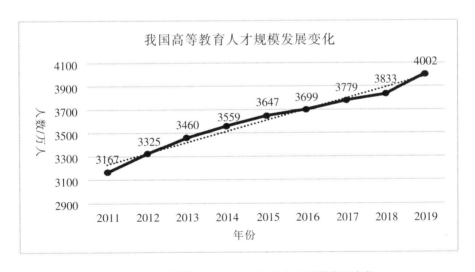

图 1　我国高等教育 2011—2019 年人才规模发展变化

纵观我国高等教育技术技能人才培养的数据,我们能够清晰看出高等教育培养技术
技能人才所占人口比例还是有上升空间的,为更好地研究我国高技术技能人才培养的有
效模式,让每一个国民都能在现代学习型社会的背景下实现自由择业、自由成长、自由就

业的"技能梦"和"职业梦",需要把国内、国外成功的技能人才培养经验与我国新时代具体国情和本地实际情况紧密结合起来,融会贯通,形成具有中国特色的技能人才培养体系。

二、天津市普通高等教育现状

天津市是我国的老工业基地,有着深厚的文化底蕴,南开大学和天津大学是我国为数不多的百年大学。著名教育家张伯苓先生亲自创办了南开大学并亲任南开大学第一任校长,周恩来总理毕业于南开大学。百年来,南开大学、天津大学为天津市乃至全国的经济腾飞培养了众多学子。

(一)天津市高等教育工作的整体情况

表1 天津市高等教育院校数与国内其他主要城市发展变化对比(2011—2019年) 单位:所

城市	年份									
	2011	2012	2013	2014	2015	2016	2017	2018	2019	2020
北京	86	86	86	87	91	91	92	92	93	93
上海	58	58	58	49	67	64	64	64	64	64
重庆	63	64	61	63	63	65	65	65	65	65
天津	47	51	52	52	55	55	57	57	56	57

表2 天津市高等院校毕业生数与国内其他主要城市发展变化对比(2011—2019年) 单位:万人

城市	年份								
	2011	2012	2013	2014	2015	2016	2017	2018	2019
北京	18	19	20	22	22	22	22	23	23
上海	17	17	17	17	17	17	17	18	18
重庆	14	15	15	16	16	16	17	18	18
天津	12	14	14	15	16	16	16	17	17

几年来,天津市以培养德智体美劳全面发展的社会主义建设者和接班人为宗旨,进一步坚持以人为本、"四个回归"的理念。以人为本是人才培养的必然要求,"四个回归"则是人才培养的基本思路。归结为一点,就是高等学校以及广大师生的注意力要首先在本科聚焦,聚焦对本科教育基础性地位的认知,聚焦以人为本的理念。

（二）天津市百万技术技能人才培训福利计划引进大学校园

从 2015 年至 2017 年,天津市投入 34 亿元,开展以"职业培训包"为主要模式的职业技能培训,使 120 万人取得相应的职业资格证书,持有国家职业资格证书的人员增加到 276 万人,占技能劳动者的比例提高到 70% 以上。培训福利计划将按照普惠实用、就业导向和政府购买服务的原则,在全市建立面向城乡全体劳动者的普惠性培训福利制度,重点面向 45 岁以下企业中青年职工、院校学生、失业人员和农村劳动力,开展以"职业培训包"为主要模式的职业技能培训。面向院校学生,主要推行学历和职业资格"双证书"制度,三年安排培训 20 万在校学生参加福利计划技能培训,培训者在获得技能证书的同时,还享受国家的政策补贴。

表3　天津市 2015 年度第一批职业培训成本目录(非常紧缺职业)　　　单位:元

序号	行业	职业(工种)名称	培训成本					备注
			初级工	中级工	高级工	技师	高级技师	
1	制造业（机械）	数控车工*	——	2850	3650	3900	4300	
2		加工中心操作工*		3250	3450	4500	5850	
3		模具设计师*	——	——	2200	2600	3900	
5	制造业（化工）	有机合成工*	850	1150	1350	1850	2550	
7	制造业（航空）	航空仪表装配工*	2300	2800	3050	2950	2950	
8		航空仪表试验工*	2300	2800	3050	3000	3000	
9	科学研究和技术服务业	工业设计师*	——	2500	2950	3200	3500	基地开发
11	信息传输、计算机服务和软业业	计算机程序设计员*	——	1200	2050	——	——	
12		可编程序控制系统设计师*		1900	2700	3100	3950	

注:表中"——"表示没有此级别培训,"＊"表示此职业(工种)采取培训包方式培训。

（三）强化普通高校双师型队伍的建设

打铁还需自身硬,培养高技术技能人才和学校的师资队伍建设密不可分。建立一支双师型的师资队伍对高技术技能人才的培养,尤其是使高技术技能人才适应当今社会发展变革具有巨大作用。

(四)培养学生的素质教育

习惯在于养成,文化在于培养。教师在传授知识、增强学生素养的,同时,更要注重对学生自我管理、勤俭求学、持之以恒良好品质的培养,提高学生的质量意识、节约意识、团队意识和交流意识。

(五)加大政府的投资力度

纵观天津市与国内其他直辖市普通高校的数量和在校生数对比分析,天津市在"211""985"或"双一流"的普通高校数量上以及在校学生规模上存在差距。开拓新的特色专业和提高办学质量为加大政府在普通高等教育上的投资创造前提条件。

三、建议与思考

(一)充分发挥普通高等教育在技术技能人才培养方面的主力军作用

第一,2000年教育体制改革后,为普通高等教育创造了良好的内、外体制环境。

第二,实施立法支持,不论是普通高校还是其他类型院校,只要符合相关法律条件的要求,就可以在政府资助下实施技术技能型人才培养的教育;不符合法律规定条件的,坚决限制其发展。

第三,完善学校自主办学机制,减少政府对学校自主办学的干预。

第四,为了落实政府监督职能,我国实行了高等教育技术技能人才培养工作的水平评估,但现有的评估还带着明显的政府色彩。我们应该借鉴国外的经验,使评估工作职业化,只有这样,才能确保评估的客观公正。

(二)加强普通高等教育内部体制改革,适应普通高等教育发展的要求

第一,从办学体制、办学模式等方面进行彻底的改革,学校应该准确定位自己的培养目标,并依据培养目标,选择能既发挥自己的优势,又符合培养目标要求的灵活办学体制和办学模式,避免与其他同类院校重复,真正突出自身的理念和特点。

第二,改变现有的专业、教学计划制定、课程设置方式和教材选用制度,要紧紧围绕地方经济和社会发展的要求,加强与行业或企业的联系与沟通。

第三,改善办学条件,除了依靠自身条件或向政府申请资助外,学校还可以通过和企业合作办学等方式改善办学条件,解决教学资源非常紧张的困境,为技术技能型人才的

培养打好基础。

第四,进一步强化教学质量保障机制和评估体制建设。由于各学校条件的不同,教育教学质量监控体系的建立和运行也有差距,进一步完善的空间还是比较大的。实践证明,评估体系的建立,对推动学校提高教学质量具有很大的促进作用。

第五,要努力在办学特色上下功夫。就我国普通高校来说,千校一面的状况是绝对不可取的,没有特色就不会有优势,没有优势就谈不上生存,更谈不上发展。

(三)转变办学观念,构建适合技术技能型人才培养的办学模式

发展高等教育, 是教育大众化的基本特征,而为社会培养技术技能型人才,又是高等教育的根本任务。教育转轨要以观念转轨为基础,要以社会认同为前提,为此,必须牢固树立以下三种观念:

1. 升学与就业的观念

大众化教育不仅表现为受教育人数的扩大,更表现为受教育层次上的改变和基本技能的提升。

2. 为大众服务的观念

必须明确高等教育就是要培养学生的能力和技能,背离了这一点,高等教育将失去广大的群众基础和社会基础。

3. 大众参与的观念

在大众化教育的前提下,高等教育在办学模式上应该大众化,让大众、社会更多地参与和支持办学。

世界经合组织(OECD)干事长 Jean Claude Paye 曾指出:"未来的经济繁荣、社会和谐都依赖于人们受到的良好教育。OECD 各成员国的教育部长一致相信,贯穿终身的学习已经成了丰富人生经验,促进经济增长和维护社会和谐必不可少的因素。"联合国教科文组织曾对终生教育进行过研究,他们提出终身教育基于四个基本原则:"学会认知",将掌握广泛的普通知识和深入研究某些领域学科相结合,因此又称为"学会如何学习";"学会做事",即获得能够应付生活中各种情况的工作资格、谋职能力、团体合作能力等;"学会共处",即培养与他人在一起生活的敏锐感知力(因不同文化之间的误解,全球化非常强调这一点);"学习生存",即了解自己的愿望,培养自我控制行为的能力,做一个负责任的人。

本文参考文献

［1］ Haijing Y. Comparison of Corporation of Enterprising and Learning and Talent Cultivation Models of Higher Vocational Education in the U. S. Germany, Japan and Australia ［J］. Vocational & Technical Education, 2006.

［2］ 刘冬,王辉. 英美两国技能人才培养模式体系化变革的成功经验与启示[J]. 中国职业技术教育 (21 期):64 – 69.

［3］ 刘文英，李克文，邹晶杰，等. 澳大利亚实践型人才培养的启示［J］. 教育评论，2018，000(007):161 – 164.

［4］ 杨 延. 滨海新区重点工程高技能人才需求调查研究［J］. 天津市教科院学报，2009，2.

［5］ Youhua C. Reform Exploration and Practice of Diversified Personnel Training Modes in Local Universities ［J］. *Shanghai Journal of Educational Evaluation*, 2015.

［6］ Yuli L , Chunmei H , Xueyun Z . Domestic and Foreign High – skilled Personnel Training Situation and Developing Trend[J]. *Weifang Higher Vocational Education*, 2008.

［7］ 中国人力资源市场信息监测中心 .2010 年第一季度部分城市公共就业服务机构市场职业供求状况分析 http://www. lm. gov. cn/gb/data/2010 – 04/27/content_378483. htm.

附录二　职业教育对技术技能专业人才培养的影响

谭金生　刘澎

摘要：在社会经济高速发展变化的背景下，技术技能人才的培养已逐渐成为教育改革的核心，加强人力资本投资，通过教育培养培训劳动力市场需要的技术技能复合型人才，已成为世界各国的共识。本文通过借鉴世界其他国家职业教育培养培训技术技能人才的经验，阐述了职业教育对天津市技术技能人才培养体系构建的影响。

关键词：技术，技能，职业教育，体系构建

职业教育就是指对受教育者实施可从事某种职业或生产劳动所必需的职业知识、技能和职业道德的教育。

职业教育应以职业为本，教育是手段，职业才是目的。职业教育的职业性决定了职业教育的实践价值诉求。职业教育虽然属于教育的一种形式，但是它同时又涉及教育和职业两大范畴。职业教育以职业为导向，所培养的人才最终将面对具体职业标准的检验，它有特定的岗位要求、职业道德、内容、情境等，这就决定了我们的职业教育过程要以解决学生的职业问题为价值诉求，要培养他们健康和谐、富有个性的职业道德素养。对职业教育教育性的追求，如果脱离实际价值取向，必将造成教育的虚化和泛化，也就无法培养出适应社会发展的、为实际工作岗位所需要的人才，难以实现职业教育目的。

一、社会的发展，孕育着职业教育发展变革

天津市作为国家现代职业教育改革创新示范区，职业教育的发展倍受各界关注。2019 年 4 月 28 日，天津市政府发布了建设"海河工匠"的通知，要着力培养一批拥有现

作者简介：

谭金生，男，1963 年 12 月，高级工程师，天津广播电视大学继续教育学院副院长，主要从事学历教育与非学历教育的研究。

刘澎，男，1971 年 7 月，助理研究员，天津广播电视大学继续教育学院副院长，主要从事学历教育与非学历教育的研究。

代科技知识和创新能力的高技术技能人才队伍,助推天津市经济高质量的发展。为此,国家统计局天津调查总队就天津市高职院校技术技能人才培养情况开展了专题调研,走访了天津市教委、天津中德应用技术大学、天津现代职业技术学院、天津轻工职业技术学院等高职院校,访问了142名高职院校学生,详细了解天津高职院校技术技能人才培养情况。有78.9%的学生认为已具备较强的理解与交流能力,60.6%的学生认为已具备较好的科学思维能力,54.9%的学生认为已具备一定的管理能力,64.1%的学生认为已具备一定的应用分析能力,67.6%的学生认为已具备较强的动手能力,近80%的学生毕业后选择服务于天津并在天津发展。

(一)国外职业教育给我们的启示

技术技能人才历来都是一个国家发展的基石,任何制造业基础实力雄厚的国家都离不开优秀的技术技能复合型人才。发达国家的制造业技术技能型人才数量占到自己国家技术技能劳动者总数的45%,而我国只有不到5%。这种情况的出现,绝不是短期内造成的,它与我国长期的不均衡发展有关。

第一,在日本的产业政策中,技能人才的培养占有极其重要的地位。多年来日本以技术立国为理念,以提高制造能力为目标,在国家技术战略的指导下,不断引进新的制度措施,培养了大批掌握高新技能的人才,为持续发展提供了人力资源保障。"实践型人才培养体系"就是日本近来推出的又一个新制度框架。政府以国家财政支出的形式,促进实践型人才培养体系制度的实施。

第二,加拿大社区学院的职业课程范围非常广泛,大致分为商业、技术、卫生、工艺四大类。社区学院还开设徒工培训课程,培训课程涵盖了工业、商业、卫生环保、工艺等诸多工种。社区学院的徒工培训课程是与企业合作进行的,学院与企业签订合作协议,共同培养学生。一般来讲,学生90%的时间用于现场操作、在岗学习,10%的时间在社区学院学习相关课程知识。加拿大非常重视学生的就业,几乎每所社区学院都设立了"公共关系与就业部",免费为学生提供职业指导服务。

通过对日本和加拿大两个国家人才培养体系的研究可知,各国在不断探索职业教育发展的进程中,形成了各具特色的人才培养模式。外国技能人才培养模式的共性主要体现在法律保障、政府支持、途径多样、终身学习四个方面,其发展趋势集中在以下几点:一是重视技能人才培养,提升国家核心竞争力;二是提高职教社会地位,构建普、职等值体系;三是关注人才培养质量,促进社会经济发展;四是完善人才培养体系,回归职业教育本质。国外的有益经验对于我国技术技能人才培养体系的构建具有十分重要的借鉴作用。

（二）我国职业教育发展的现状

2020年5月,教育部公布的2019年全国教育事业发展统计公报显示,全国各类高等教育在学人数总规模为4002万人,截至2020年6月30日,高职(专科)院校1423所,比上年增加5所。全国共有成人高等学校268所,比上年减少9所。普通高等学校校均规模11260人,其中,本科院校15179人,高职(专科)院校7776人。[4]

图1　我国职业教育2011—2019年人才规模发展变化

二、天津市职业教育现状

职业教育在我国起步较晚,但未来仍有广阔的发展空间。首先,我国处于产业升级阶段,第二和第三产业所占比例逐渐上升,同时伴城市化和人口老龄化均对人才提出更高的需求;其次,我国政府大力支持职业教育发展,近年来关于职业教育的财政支出不断增长,支持政策密集出台;再次,职业教育市场近年来资本运作频繁,各类教育板块迎来迅猛发展阶段;最后,政府、企业、社会对职业教育的认知度和认可度都在逐渐提升。随着新兴消费形式出现,职业教育和职业培训均需与时俱进。职业教育与培训被很多政府和企业视作提升劳动生产力、获取国际竞争力的重要手段。

(一)天津市职业教育工作的整体情况

表1　天津市职业院校数与国内其他主要城市对比发展变化(2011—2019年)　　单位:所

城市	年份								
	2011	2012	2013	2014	2015	2016	2017	2018	2019
北京	25	25	26	25	26	25	25	25	25
上海	26	27	26	26	29	26	26	25	25
重庆	37	36	36	36	36	36	36	37	37
天津	26	26	26	26	26	25	27	26	26

表2　天津市职业院校毕业生数与国内其他主要城市对比发展变化(2011—2019年)　　单位:万人

城市	年份								
	2011	2012	2013	2014	2015	2016	2017	2018	2019
北京	4.24	4.14	3.68	3.41	3.68	3.53	3.41	2.89	2.60
上海	3.46	2.93	3.17	2.93	2.92	3.20	3.61	3.55	3.50
重庆	6.07	6.26	6.62	7.34	8.13	8.06	9.17	9.44	9.20
天津	4.39	5.08	4.73	4.42	5.67	5.83	6.02	6.03	5.96

天津高职院校毕业生的就业率保持在较高水平,实现较高的就业率,一是专业与企业需求吻合度高,高职院校不断优化专业设置,满足社会和企业需求,不少企业与高职院校还开展了定向培养;二是多数学生已经具备了基本的工作能力;三是学生具有较为实际的择业观念,求职心态平稳,能够正视挫折,愿意从底层做起,务实的择业观是高职院校学生就业率较高的一个主要原因。

(二)全面推进"1 + X"证书制度的普及

为深入实施人才强市和创新驱动发展战略,加快培养数以百万计的技能人才,实现天津市经济又好又快发展,建设美丽天津,天津市于2015年开始启动百万技能人才培训福利项目。从2015年至2017年,天津市投入34亿元,开展以"职业培训包"为主要模式的职业技能培训,使120万人取得相应的职业资格证书,持有国家职业资格证书的人员增加到276万人,占技能劳动者的比例提高到70%以上。培训福利计划将按照普惠实用、就业导向和政府购买服务的原则,在全市建立面向城乡全体劳动者的普惠性培训福利制度,重点面向 45 岁以下企业中青年职工、院校学生、失业人员和农村劳动力,开展以"职业培训包"为主要模式的职业技能培训。面向院校学生,主要推行学历和职业资格"双证书"制度,三年安排培训 20 万在校学生参加福利计划技能培训,其毕业后获得职业教育学历证书的同时还获得技能证书,还享受国家的政策补贴。

表3　天津市 2015 年度第一批职业培训成本目录(非常紧缺职业)　　　单位:元

序号	行业	职业(工种)名称	培训成本					备注
			初级工	中级工	高级工	技师	高级技师	
1	制造业(化工)	焊工*	1350	1750	2050	2100	2800	
2		维修电工*	1700	2050	2300	3150	3550	
3		机修钳工*	1400	1750	1950	2050	2900	
4		电子设备装接工*	1400	1550	1700	1750	2000	
5		有机合成工*	850	1150	1350	1850	2550	
6	制造业(轻工)	服装制作工*	950	1350	1850	/	——	
7		塑料注塑工	1150	1450	2250	2550	2550	
8	制造业(医药)	中药购销员*	800	1200	1500	——	——	
9		医药商品购销员*	800	1150	1450	——	——	
10		中药调剂员*	1300	1350	1400	1600	——	
11	电力、燃气及水的生产和供应业	煤气调压工	800	950	1100	1250	1550	
12		煤气户内检修工	850	1000	1050	1350	1750	
13		变电设备安装工*	1300	1500	1550	1800	1900	
14	交通运输、仓储和邮政业	接触网工*	900	1000	1250	1300	1300	
15	租赁和商务服务业	保洁员*	800	1150	1500	——	——	
16		营业员*	800	900	1150	1500	——	
17		收银员*	800	900	1050	——	——	
18		旅游计调师*	——	950	1250	1500	/	基地开发
19	科学研究和技术服务业	工业设计师*	——	2500	2950	3200	3500	基地开发

序号	行业	职业（工种）名称	培训成本					备注
			初级工	中级工	高级工	技师	高级技师	
20		电子商务师	——	1350	2050	2150	/	
21		计算机程序设计员*	——	1200	2050			
22	信息传输、计算机服务和软件业	可编程序控制系统设计师*	——	1900	2700	3100	3950	
23		制图员*	1300	2000	2950	4800	——	
24		计算机（微机）维修工*	900	1150	1300			
25		保安员*	800	850	1100	2050	1450	
26		茶艺师*	950	1100	1300	1600	2200	
27		紧急救助员	——	800	/	/		

注：表中"——"表示没有此级别培训，"/"表示此级别培训没有补贴，"＊"表示此职业（工种）采取培训包方式培训。

（三）技术技能人才体系的完善是实现高质量发展的基础

从国际经验看，无论职业教育如何发展，职业教育都必须存在，这是经过实践证明的，是毋庸置疑的。职业教育需要确定两条发展路径，一方面是基础性路径，职业教育不能以就业为唯一取向，要突出为继续学习奠定职业基础的人才培养取向；另一方面是多样化路径，在强化不同类型学校人才培养目标差异的同时，还可举办具有新型专业的职业院校等，并通过把这些学校与高水平大学对接起来，培养更高水平的专业技术人才。

（四）提高职业教育的办学层次和能力

近几年在天津举办的各种国际技能大赛中，我国选手多次获奖。实践证明，职业教育发展方向的正确性，发展职业教育的重要动力是发展技术学科，以此促进科学研究成果的应用，为发展技术学科创造了很好的制度保障。因此，必须加强技术学科的建设，这就需要发展职业本科教育，职业教育发展本科层次高等职业教育，是实现高质量发展的重要条件，发展职业本科教育是国际职业教育发展的必然趋势。

（五）发展壮大职业教育双师型教师梯队

由于目前我国资格证书体系不健全，证书的权威性得不到确实保障，有"证"无"能力"现象非常普遍。真正"双师型"教师凤毛麟角,而且兼职教师数量还很少。职业教育教师梯队的建设和培养需要走出项目化的发展思路,着力于完整、系统的国家制度建设。职业教育教师的来源途径多元,培养主阵地应当把教师培养与聘用直接挂钩。教师需具备良好的职业能力,拥有教师资格证书、相关职业资格证书及 3 ~ 5 年行业专业工作经验。教师要与企业保持紧密联系,更新技术,提高技能,参加专业协会组织的各项活动,获取企业所需的最新专业知识、专业技能和专业信息并将其传授给学生,保证传授知识的实用性。目前我国本科院校也开始"双师型"教师队伍建设,要求教师拥有本专业的职业资格证书。

(六)对有潜质的技能型人才进行重点培养

启动技术技能人才重点培养机制,对在某一方面具备很大潜质,本身也具备刻苦钻研精神的学生进行重点培养,扩展学习知识面以提高学生掌握知识技能的熟练程度,引导学生学习发达国家先进的技能和技术诀窍以拓展学生的眼界和思路,使通过职业教育培养的技术技能人才真正成为社会发展的可塑之才。

(七)深化校企合作,培养现代化技术技能人才

鼓励行业、企业从自身发展的需要出发,积极参与职业教育,引导学校朝着符合经济和社会发展需要的方向办学。这样,学校既可以依托行业生存和发展,又不会过分依赖行业,更有利于按照行业发展的要求进行技能型人才的培养。

三、建议与思考

(一)加快完善职业教育的相关法律制度

职业教育体系错综复杂,为使各个时期、各个类型的职业教育相互协作、相互补充,有效地提高职业教育水平,需要政府来协调。职业教育正处于健康发展阶段,由于缺乏相应的法律法规和统一管理,一些规模较小的学校往往显得心有余而力不足,如此下去,职业教育恐难以步入正轨。因此,应首先加快完善职业教育的相关法律和法规。

(二)政府应加大对职业教育的政策执行力度

为突出天津职业教育办学特色,可通过整合优化教育经费支出结构的方式,加大对

职业教育的投入,探索职业教育经费稳定增长模式,创新财政资金管理方式,进一步完善稳定支持和竞争性支持相协调的投入机制,逐步形成具有天津特点、中国特色、世界水平的现代职业教育体系,完善以改革和绩效为导向的财政拨款制度,健全与天津市职业教育事业发展相适应的经费保障和动态调整机制。同时,增加内涵投入,推进职业院校由硬件扩张逐步转向内涵式发展。

(三)加强职业教育内部体制改革,适应国际教育发展的要求

第一,以行业和岗位技能需求为目标,进行课程结构的调整。职业教育应积极改变原有培养方案的制定方式,逐步实现由以专业和学科为本位向以职业岗位和就业为本位的转变,由传统的偏重学生知识的传授向注重就业能力提高和综合职业素质培养转变,逐步形成内部体系完整、外部关系协调的产学结合教学机制。

第二,突出实践教学,强化实训基地建设。职业院校的实践教学要以行业或企业为依托,通过产学结合的方式,建立和完善校内和校外两个实验和实训基地,为实践教学活动的开展提供良好的环境保障,使其成为构建具有中国特色的高等职业教育的新亮点。

第三,积极创造条件,大力推进工读结合。要完善管理办法,为工读结合提供强有力的制度保障。从学校方面来说,建立健全有利于工读结合的学籍管理办法和学生成绩考核管理办法,同时还要制定为参加工读结合的学生提供合理报酬和津贴的政策;从企业方面来说,要为参加顶岗实习的学生提供必要的岗位,为学生顶岗实习提供便利,同时要加强企业顶岗实习学生的管理,做好学生在实习中的劳动保护和安全工作。

职业教育是国民教育体系的重要一环,也是构成人力资源开发体系的重要组成部分。从《现代职业教育体系建设规划(2014—2020年)》的编制到"完善职业教育和培训体系"写入党的十九大报告,再到《国家职业教育改革实施方案》,我国职业教育从顶层设计到改革落实都逐渐清晰,职业教育改革事业取得良好进展,大力发展职业教育已然成为全社会的共识,职业教育的发展必将为天津市技术技能人才体系的构建和天津经济的发展奠定基础。

本文参考文献

［1］安雪琳. 加拿大技能型人才培养模式研究与启示［J］. 天津电大学报，2016（4）：56 - 61.

［2］樊燕. 我国高技能人才队伍建设现状及策略研究［D］.

［3］Hui L I，Wei L I. On Japan's Senior Professional Personnel Training Experience and Its Enlightenment ［J］. *Adult Education*，2008.

［4］Lei M A，Lei S. Research on the Overview on Technical Skills Talents Cultivation under "Made in China 2025"［J］. *Journal of Hlongjiang Vocational Institute of Ecological Engineering*，2019.

［5］刘湘丽. 日本技能人才培养新制度：实践型人才培养体系［J］. 中国培训，2009，000（003）：59 - 61.

［6］王双明，付世秋. 技术技能型人才培养质量评价体系的构建［J］. 黑龙江畜牧兽医，2016，000（012）：250 - 252.

［7］佚名. 职业教育发展要深刻理解技术和技能之间随动、伴生、互动的关系［J］. 职业技术教育，2016（19）：7 - 7.

［8］赵长禄. 面向世界一流大学目标建设高水平人才培养体系［J］. 中国高等教育，2019，000（003）：40 - 42.

［9］郑成功，李彬. 日本政府推动技能人才培养的组织体系与政策措施［J］. 日本研究，2014（2）：12 - 18.

附录三　继续教育对技术技能专业人才培养的影响

谭金生　刘澎

摘要:在社会经济高速发展变化的背景下,技术技能人才的培养已逐渐成为教育改革的核心,加强人力资本投资,通过教育培养培训劳动力市场需要的技术技能复合型人才,已成为世界各国的共识。本文通过借鉴世界其他国家继续教育培养培训技术技能人才的经验,阐述了继续教育对天津市技术技能人才培养体系构建的影响。

关键词:技术,技能,继续教育,体系构建

进入 21 世纪以来,在经济全球化和知识经济发展的背景下,技术技能人才培养培训逐渐成为各国教育改革发展的核心。特别是 2007 年以来,世界经济发展经历了 20 世纪 30 年代以来最严重的危机。这一危机对全球经济和劳动力市场产生了巨大冲击,世界各国开始思考实现经济社会长期可持续发展的战略。在这一背景下,加强人力资本投资,通过教育与培训培养劳动力市场需要的技术技能型人才,已经成为国际社会的共识。近年来,包括发达国家和发展中国家在内的全球主要经济体和重要国际组织纷纷从提高全民技术技能水平的角度,制定技术技能人才培养培训战略和政策,并把其作为经济社会发展的根本战略。

我国于 20 世纪 90 年代提出科教兴国战略,21 世纪第一个十年提出并开始实施人才强国战略。在我国的人才强国战略中,技术技能人才队伍建设一直是重要组成部分。在国家人才强国战略的基础上,我国秉持高等教育层次化、职业教育普及化、继续教育终身化教育理念,强调把继续教育摆在非常突出的战略位置,强调"工作—学习—工作—学习"相互交替、连续不断地进行,使学习与工作融为一体。

作者简介:

谭金生,男,1963 年 12 月,高级工程师,天津广播电视大学继续教育学院副院长,主要从事学历教育与非学历教育的研究。

刘澎,男,1971 年 7 月,高级工程师,天津广播电视大学继续教育学院副院长,主要从事学历教育与非学历教育的研究。

一、社会的发展孕育着继续教育发展变革

继续教育是指已经具有一定知识和技术的专业人员,为了完善知识结构、提高职业技术水平和创业能力,适应本职工作需要、科技发展与社会进步所进行的、连续性的、各种各样的、学历和非学历教育的总和。

世界经合组织(OECD)干事长 Jean Claude Paye 曾指出:"未来的经济繁荣、社会和谐有赖于对人们的良好教育,贯穿终身的学习已经成了丰富人生经验,促进经济增长和维护社会和谐必不可少的因素。"联合国教科文组织曾对终生教育进行过研究,他们提出,终身教育基于四个基本原则:"学会认知",将掌握广泛的普通知识和深入研究某些领域学科相结合,即"学会如何学习";"学会做事",是获得能够应付生活中各种情况的工作资格、谋职能力、团体合作能力等;"学会共处",即培养与他人在一起生活的敏锐感知力(因不同文化之间的误解,全球化非常强调这一点);"学习生存",即了解自己的愿望,培养自我控制行为的能力,做一个负责任的人。国际劳工组织(ILO)研究认为,技术技能发展可以成为减少贫困与排斥现象同时加强竞争力和就业能力的一个重要工具。富有成效的技术技能开发政策需要成为国家发展政策的有机组成部分,以便使劳动力和企业为迎接新的机遇做好准备并采取前瞻性的方法应对变革。

(一)国外继续教育给我们的启示

技术技能人才历来都是一个国家发展的基石,任何制造业基础实力雄厚的国家都离不开优秀的技术型人才,如英国和澳大利亚。但同为制造业大国,我国庞大的人口基数,但制造出的产品却并不如人意,这与我国高技能人才的缺失有关。

第一,英国人才培养政策的内容更加丰富化和多样化。2006 年的《继续教育:提高技能,改善生活》白皮书以提高年轻人和成年人的职业技能,提高个体生活质量为目标,建议创建学习者学习账户,同时给弱势群体提供免费的职业培训,强调社会公平。2008 年颁布的《继续教育、技能和重建的技术策略》提出要增加残疾人和妇女的就业机会,提高全民的技能水平,培养学生的关键技能和终身学习的能力。英国技术技能型人才培养政策具有时代性。英国技术技能型人才培养政策是社会历史发展的产物,反映了特定历史时期的人才培养需求,主要凸显政府的主导作用,为未来的教育事业提供发展方向。英国技术技能型人才培养政策体现终身化学习理念。由于信息通信技术的快速发展,操作电脑成为人们日常工作中必不可少的技能,也成为市场需求发展较为迅速的职业技能,信息通信技术的发展要求各专业人员不断学习新知识,掌握新技能,满

足职业发展的需要。现代学徒制作为继续教育的主要形式,也充分体现了终身化的学习理念。

第二,澳大利亚采用全国统一认证的培训包、国家资格框架和质量培训框架互相结合构成独具特色的终身教育体系。澳大利亚对职业与继续教育内涵的深刻理解,对职业教育与社会关系处理的思路以及政府的有力领导和扶持,对我国创建终身教育体系和学习型社会提供了有益的启示。人才培养目标定位方面,澳大利亚从原来学历与培训并重的机构逐步简化为侧重于培训功能的职业培训机构,非常重视继续教育的形式、培训教师的选派和确定、培训教学效果、考核评价机制等,其目标所指就是为满足社会需要培养实用型技术技能人才,这些都对我国继续教育的发展乃至技术技能人才的培养具有很好的借鉴意义。

通过对英国和澳大利亚等国家人才培养体系的发展研究可知,各国在不断探索继续教育发展的进程中,形成了各具特色的人才培养模式。外国技能人才培养模式的共性主要体现在法律保障、政府支持、途径多样、终身学习四个方面,其发展趋势集中在以下几点:一是重视技能人才培养,提升国家核心竞争力;二是提高职教社会地位,构建普、职等值体系;三是关注人才培养质量,促进经济社会发展;四是完善人才培养体系,回归职业教育本质。国外的有益经验对于我国技术技能人才培养体系的构建具有十分重要借鉴作用和指导意义。

(二)我国继续教育发展的现状

2019年,我国成人本专科招生人数第一次突破300万,自考人数也继2016年大幅下降后,进一步回升,逼近600万参考者。在我国现行的教育体制下,高考统招是高等教育选拔的主流方式。想要进一步提升学历的社会在职人员,只能选择继续教育,包括高等教育自学考试(简称自考)、成人高考以及国家开放大学等途径来实现自我提升。2016年,教育部发布《高等学历继续教育专业设置管理办法》,对高校高等学历继续教育的办学层次、类型、规模、质量等做出更加规范的要求。随着高等学历继续教育的社会认可度和含金量提升,在政策保障、需求旺盛的背景下,越来越多的人选择通过继续教育来提升学历,增强自我竞争力。

学历继续教育的在校学生人数从2014年的1280万人小幅增至2018年的1420万人,2014年至2018年的年复合增长率为2.6%。2018年至2023年的年复合增长率为5.1%。

非学历继续教育的在校学生人数从2014年的730万人增至2018年的990万人,同期年复合增长率为7.9%。鉴于越来越多人选择进修及培训以取得职业证书或工作相关资质,2018 年至 2023 年的年复合增长率约为 6.2%。

二、天津市继续教育现状

继续教育在我国起步较晚,但未来仍有广阔的发展空间。第一,我国处于产业升级阶段,第二和第三产业所占比例逐渐上升,同时城市化和人口结构老龄化,均对人才提出不同和更高的需求。第二,市政府大力支持继续教育发展,近年来关于职业教育的财政支出不断增长,支持政策密集出台;第三,继续教育市场近年来资本运作频繁,各类继续教育板块资本运作迎来迅猛发展阶段;最后,政府、企业、社会对职业教育的认知度和认可度都在逐渐提升。

(一)天津市继续教育工作的整体情况

表 1　天津市继续教育培训机构数与国内其他主要城市发展变化对比(2011—2019 年)　单位:所

城市	年份								
	2011	2012	2013	2014	2015	2016	2017	2018	2019
北京	3494	3711	3595	3634	3659	3579	3308	3079	3188
上海	843	799	725	691	636	674	689	631	726
重庆	1950	2230	2150	2205	2323	2236	2095	1920	1780
天津	1470	1535	1600	1534	1484	1420	1357	1304	1223

表 2　天津市继续教育技术技能培养人数与其他主要城市发展变化对比(2011—2019 年) 单位:万人

城市	年份								
	2011	2012	2013	2014	2015	2016	2017	2018	2019
北京	268.66	264.01	320.18	282.92	283.70	287.31	263.49	272.83	242.32
上海	180.08	174.48	180.87	200.71	164.64	173.17	174.38	170.31	173.27
重庆	245.45	248.34	257.34	240.01	237.54	235.34	234.75	232.23	229.56
天津	210.34	209.34	209.43	208.34	207.45	207.98	205.34	204.45	202.45

近年来,天津市非常注重继续教育的发展变化,颁布了一系列继续教育的相关规定,建立了天津市终身教育学习平台。老年大学的发展壮大、社区教育的形式多样化等,处处体现终身教育和建立学习型社会的理念,体现了"书山有路勤为径,学海无涯苦作舟的

深刻内涵"。

(二)天津市百万技术技能人才培训福利计划的实施

从 2015 年至 2017 年,天津市投入 34 亿元,开展以"职业培训包"为主要模式的职业技能培训,使 120 万人取得相应的职业资格证书,持有国家职业资格证书的人员增加到 276 万人,占技能劳动者的比例提高到 70% 以上。培训福利计划将按照普惠实用、就业导向和政府购买服务的原则,在全市建立面向城乡全体劳动者的普惠性培训福利制度,重点面向 45 岁以下企业中青年职工、失业人员和农村劳动力,开展以"职业培训包"为主要模式的职业技能培训。面向天津市农村适龄劳动力,重点开展转移就业技能和农业实用技术培训,3 年安排 27 万人。面向失业人员,以职业转换和技能提升为主,重点开展定向和订单培训,3 年安排 12 万人。福利计划受益企业不仅包括国企,还囊括外企、私企等全所有制企业。

表3　天津市 2015 年度第一批职业培训成本目录(非常紧缺职业)　　　单位:元

序号	行业	职业(工种)名称	培训成本						备注
			专项职业能力	初级工	中级工	高级工	技师	高级技师	
1	农、林、牧、渔业	蔬菜园艺工*		950	1000	1300	1400	1650	
2		动物疫病防治员		850	1000	1300			
3	采矿业	钻井工*		/	2750	3150	/	/	
4		采油工*		/	2800	3200	/	/	
5	制造业(机械)	数控车工*		——	2850	3650	3900	4300	
6		模具设计师*		——	——	2200	2600	3900	
7	制造业(冶金)	拉丝工*		/	950	1100	1300	1450	
8		钢材热处理工		1400	1900	2150	1950	2050	
9	制造业(电子)	无线电调试工*		——	1800	1850	1800	2000	
10		电子设备装接工*		1400	1550	1700	1750	2000	
11	制造业(纺织)	细纱工		1400	1650	1950	2150	2200	
12		织布工		1400	1700	1950	2150	2200	
13	制造业(化工)	有机合成工*		850	1150	1350	1850	2550	
14		海盐晒制工		/	1100	1150	/	/	
15	制造业(轻工)	服装制作工*		950	1350	1850	/	——	
16		塑料注塑工		1150	1450	2250	2550	2550	

序号	行业	职业(工种)名称	培训成本						备注
			专项职业能力	初级工	中级工	高级工	技师	高级技师	
17	制造业	中药购销员*		800	1200	1500	——	——	
18	(医药)	中药固体制剂工*		——	1200	1250	1900	——	
19	制造业	飞机铆装钳工*		3500	3800	4300	5000	5000	
20	(航空)	航空仪表试验工*		2300	2800	3050	3000	3000	
21	电力、燃气及水的生产和供应业	煤气调压工		800	950	1100	1250	1550	
22		热工仪表检修工		1000	/	/	/	/	
23	建筑业、房地产业	装饰美工*		1450	1550	1950	/		
24		混凝土工*		1100	1150	1400	——		
25	建筑业、房地产业	钢筋工*		1050	1450	2000	2400	——	
26		室内装饰装修质量检验员*		/	1300	1700	2100	/	
27	交通运输、仓储和邮政业	接触网工*		900	1000	1250	1300	1300	
28		铁路线路工*		/	1300	1500	1800	/	
29	住宿和餐饮业	餐厅服务员*		800	850	1000	1200	1400	
30	租赁和商务服务业	保洁员*		800	1150	1500	——	——	
31		旅游计调师*		——	950	1250	1500	/	基地开发
32	科学研究和技术服务业	工业设计师*		——	2500	2950	3200	3500	基地开发
33	信息传输、计算机服务和软件业	电子商务师			1350	2050	2150		
34		计算机软件产品检验员*				1950	3200	/	
35	文化、体育和娱乐业	平版印刷工*		950	1100	1400	1550	1550	
36		平装混合工		800	/	/	/	/	
37	居民服务和其他服务业	智能楼宇管理师*		——	1400	2000	2050	2900	
38		茶艺师*		950	1100	1300	1600	2200	
39	居民服务和其他服务业	养老护理员*		1200	1250	1650	1850	——	
40		拼布工艺	600						

注:表中"——"表示没有此级别培训,"/"表示此级别培训没有补贴,"*"表示此职业(工种)采取培训包方式培训。

天津市福利计划即百万人才技术技能培训惠及天津市各大、中、小企业的在职员工,在职员工的技术技能既能得到提高,还同时享受国家的政策补贴。

(三)继续教育全面持续发展

1. 学历继续教育

根据《国家中长期教育改革和发展规划纲要(2010—2020 年)》的要求,天津市开展成人学历继续教育的机构主要包括:普通高校成人教育学院、普通高校网络学院、广播电视大学、独立设置的成人高等院校、高等教育自学考试系统以及成人中等专业学校等。天津广播电视大学开展现代远程开放教育,成为天津市承担开放教育的试点单位。建校以来,累计开设 9 个学科门类 80 个本科、专科专业,共培养毕业生 26 万余人(其中本科毕业生 9 万余人,专科毕业生 17 万余人),非学历教育 99 万余人,终身学习平台访问量为 5100 万人次。

2. 非学历继续教育

天津市的非学历继续教育主要包括技能培训、社区教育、老年大学等。天津市成人技术技能培训学校累计毕业生人数平均每年 100 多万人次,企业职工培训规模每年都超过 20 万人。

(1)形成政府和全社会广泛参与的办学格局

初步形成了政府调动和发挥学校、社会各部门、行业、企业的办学优势,创新了多种模式发展继续教育的经验。

(2)形成社区学院、社区学校、市民教学点三级社区教育网络

初步形成了社区学院、社区学校、市民教学点三级社区教育网络,满足了市民在职业发展、休闲娱乐、精神文化等方面的个性化需求,提供了便利的继续教育服务。

三、建议与思考

纵观天津市近几年继续教育发展变化,其在综合实力、管理体制、教育法治、法规建设、培训质量、继续教育体系建设等诸多方面仍存在问题和短板,是不容回避的。

(一)健全继续教育领导管理体制

设立天津市学习型社会建设和终身教育促进委员会,负责全市终身教育发展的规划制定、统筹协调和指导督导等宏观管理。

（二）建立天津终身学习服务指导中心

依托创建的天津终身学习服务指导中心作为业务指导服务机构,具体负责全市终身（继续）教育项目的实施管理,负责天津市终身教育平台（在建）的建设管理,具体指导全市终身学习服务和社区教育发展。

（三）整合学历继续教育机构

函授、夜大、网络教育这三种教育形式均是以培养应用型人才为目的、针对从业人员进行的学历继续教育,只是在自学和面授的比例、学习手段和入学、毕业的方式上存在不同。三种政策的不同导致学习者有不同的选择,各类学校为了生源产生"无序竞争",使得继续教育质量已经得不到保障,因此整合学历继续教育势在必行。

（四）加大对继续教育的投入

劳动者素质提高的培训肯定是以政府投入为主,建立技术技能人才的培养体系,这对当地经济发展提高起着至关重要的作用,所以必须加大对继续教育的投入。

（五）严格落实企事业单位培训经费使用制度

切实执行企事业单位按职工工资总额 1.5% ~ 2.5% 的比例筹措职工培训经费的政策,落实相关企业税收减免。对未落实上述规定的企事业单位,征收相应培训经费可充做继续教育基金,对个人支付的继续教育学费可相应的减免个人所得税。

（六）加强信息技术与继续教育的融合

信息技术与继续教育的融合使得优质的教育资源得以普。大数据、互联网技术、云端的出现,使泛学习已成为社会上重要的学习方式。

普及高等教育,发展职业教育,使得继续教育贯穿人类的生存空间,真正体现人的一生不断在"工作—学习—工作—学习"中循环往复,只有这样人们才能不断进步,社会才能不断向前发展。由此可见,建立技术技能培养体系对提高人们的综合素质、促进社会的和谐发展和经济发展是重要的。

本文参考文献

[1] 樊燕. 我国高技能人才队伍建设现状及策略研究[D].

[2] 高丽. 英国高技能人才培养政策研究[D]. 华东师范大学.

[3] 侯同运. 继续教育概念辨析与基本特征研究[J]. 河北大学成人教育学院学报, 2013(01):32 - 35.

[4] 胡卫中，石瑛. 澳大利亚应用型人才培养模式及启示[J]. 开放教育研究, 2006,012(004):92 - 95. [5] 刘海妹，王彦新. 大数据背景下继续教育体系构建研究[J]. 科技与创新, 2018,000(001):87 - 88.

[6] 王守庆，赵庆松. 国际化创新型技术技能人才培养体系探索与实践[J]. 潍坊工程职业学院学报, 2018,031(002):22 - 25.

[7] 杨德生，赵春林，梁炜. 国外继续教育人才培养模式及其对中国的启示[J]. 继续教育, 2013(05):61 - 64.

[8] 翟海魂. 规律与镜鉴——发达国家职业教育问题史[M]. 北京:北京大学出版社,2019.

附录四　基于直觉模糊信息远程开放教育的教学质量评价研究

谭金生　刘澎

摘要:远程开放教育在世界范围内已经有 100 多年的发展历史。中国的远程开放教育虽然起步较晚,但从 1999 年教育部在中央广播电视大学开展"人才培养模式改革和开放教育试点"工作以来,远程开放教育得到了飞速发展。随着远程开放教育规模的扩大,对学员进行学习策略的培训,开发学员的自主学习能力以提高远程开放教育的教学质量就变得尤为重要。基于直觉模糊信息的远程开放教育的教学质量的评价问题是一个多属性决策问题。本文研究了基于直觉模糊信息的远程开放教育的教学质量评价的多属性群决策问题,我们利用直觉模糊爱因斯坦加权平均(IFEWA)算子来集结每个方案的直觉模糊信息,并得到每个方案的综合属性值,然后根据得分函数和精确函数来对方案进行排序和选优,从而得到最优方案。

关键词:多属性决策,直觉模糊数,直觉模糊爱因斯坦加权平均(IFEWA)算子,教学质量

一、引言

在全球服务产业迅速崛起,尤其是国家大力发展现代服务业的历史背景下,远程教育领域对"服务"的关注与日俱增。远程教育具有"工业化"的特征,并伴有教材等有形产品的提供和使用,但其基本产出仍然是教育服务,其核心价值产生于远程教育院校、校外学习中心的教学管理人员(服务人员)和学员(顾客)之间的一系列互动中[1-5]。因此,远程教育隶属于服务业,遵循服务产业的基本规律,服务是远程教育的产业本质,本研究

作者简介:

谭金生,男,1963 年 12 月,高级工程师,天津广播电视大学继续教育学院副院长,主要从事学历教育与非学历教育的研究。

刘澎,男,1971 年 7 月,高级工程师,天津广播电视大学继续教育学院副院长,主要从事学历教育与非学历教育的研究。

以此为前提,从服务的视角出发,采用演绎推理的方法,将服务产业相关理论引入远程教育领域,并辅以个案研究和行动研究来对演绎而来的远程教育服务相关理论进行实践验证,从而初步构建了一个以远程教育的"准公共产品"服务观为认识基础,以远程教育服务产品观、系统观、质量观、效益观为核心的远程教育服务理论体系框架。

1. 远程教育服务产品观

远程教育服务产品兼有公共产品和私人产品的特征,是"准公共产品",它的组成十分丰富,除教学服务外,还包含了以提高教学服务质量为目的,组织提供的管理服务、设施服务、校园文化服务、特殊学生群体服务等。上述各项服务都可以分解为"显性服务"要素、"隐性服务"要素、"物品"要素和"环境"要素四部分,这些要素的有机结合构建了远程教育的完整服务产品[6-9]。

2. 远程教育服务系统观

远程教育服务系统包括"顾客""服务人员""服务互动""设施设备与环境"四个要素,它们共同实现着远程教育服务,并缔造远程教育的完整服务产品。服务人员和顾客分别是远程教育服务的提供方和消费方,设施设备与环境是服务发生所依存的外界条件,服务互动是远程教育服务系统的核心和联系其他要素的纽带,在某些时候,设施设备甚至直接与顾客发生交互,形成服务互动[10-12]。

3. 远程教育服务质量观

远程教育服务质量是远程教育组织满足包含学员、家庭、用人单位、社会等在内的顾客需求的程度。它包括结果质量、过程质量和"非预期"质量三个部分。远程教育服务质量管理体系的构建必须坚持 ISO 9000 标准的八大原则(以顾客为关注焦点、领导作用、全员参与、过程方法、管理的系统方法、持续改进、基于事实的决策方法、与供方互利的关系),并应用文件方法实现对"管理职责""资源管理""服务实现""测量、分析和改进"四大过程的管理。

4. 远程教育效益观

远程教育不以营利为目的,就整个行业而言,属于非营利性服务业,但行业内部营利性与非营利性组织共存,分别具备相应的服务效益特点。其成本包括中间消耗、固定资产折旧和劳动消耗三部分,具有固定资产折旧和中间服务消耗项目多、金额大,可变成本复杂等特点;其收益有组织收益、私人收益和社会收益之分,具有显著的长效性、外溢性、即时性。[13]

基于直觉模糊信息的远程开放教育的教学质量的评价问题是一个多属性决策问题。本文研究了基于直觉模糊信息的远程开放教育的教学质量评价的多属性群决策问题。

我们利用直觉模糊爱因斯坦加权平均(IFEWA)算子来集结每个方案的直觉模糊信息,并得到每个方案的综合属性值,然后根据得分函数和精确函数来对方案进行排序和选优,从而得到最优方案。

二、预备知识

直觉模糊集(Intuitionistic Fuzzy Sets)由 Atanassov 提出[14-15],是传统模糊集的一种扩充和发展。直觉模糊集增加了一个新的属性参数:非隶属度函数,它能够更加细腻地描述和刻画客观世界的模糊性本质。

定义 1[14-15] 设 X 是一个非空经典集合,$X = (x_1, x_2, \cdots x_n)$,$X$ 上形如(1)的二重组称为 X 上的一个直觉模糊集。

$$A = \{\langle x, \mu_A(x), \nu_A(x) \rangle \mid x \epsilon X\} \tag{1}$$

其中 $\mu_A : X \to [0,1]$ 和 $\nu_A : X \to [0,1]$ 均为 X 的隶属函数,且 $0 \leqslant \mu_A(x) + \nu_A(x) \leqslant 1$,这里 $\mu_A(x), \nu_A(x)$ 分别是 X 上元素 x 属于 A 的隶属度和非隶属度,表示为支持元素 x 属于集合 A 的证据所导出的肯定隶属度的下界和反对元素 z 属于集合 A 的证据所导出的否定隶属度的下界。

定义 2[16] 设 $\alpha = (\mu, \nu)$ 为一个直觉模糊值,则该直觉模糊值的记分函数为

$$S(\alpha) = \mu - \nu, S(\alpha) \epsilon [-1, 1] \tag{2}$$

如果 $S(\alpha)$ 的值越大,则相应的直觉模糊值 $\alpha = (\mu, \nu)$ 也越大。

定义 3[17] 设 $\alpha = (\mu, \nu)$ 为一个直觉模糊值,则该直觉模糊值的准确度函数为

$$H(\alpha) = \mu + \nu, H(\alpha) \epsilon [0, 1] \tag{3}$$

如果 $H(\alpha)$ 的值越大,则相应的直觉模糊值 $\alpha = (\mu, \nu)$ 的准确度也越高。

定义 4[18] 设 $\alpha_1 = (\mu_1, \nu_1)$ 和 $\alpha_2 = (\mu_2, \nu_2)$ 为两个直觉模糊值,对应的记分函数为 $S(\alpha_1) = \mu_1 - \nu_1$ 和 $S(\alpha_2) = \mu_2 - \nu_2$,对应的准确度函数为 $H(\alpha_1) = \mu_1 + \nu_1$ 和 $H(\alpha_2) = \mu_2 + \nu_2$,那么如果 $S(\alpha_1) < S(\alpha_2)$,那么有 $\alpha_1 < \alpha_2$;当 $S(\alpha_1) = S(\alpha_2)$ 时,如果 $H(\alpha_1) = H(\alpha_2)$,则 $\alpha_1 = \alpha_2$;(2)如果 $H(\alpha_1) < H(\alpha_2)$,则 $\alpha_1 < \alpha_2$。

下面,我们引入基于直觉模糊集的爱因斯坦运算。直觉模糊集环境下积运算表示为 $\alpha_1 \otimes_\varepsilon \alpha_2$,直觉模糊集环境下和运算表示为 $\alpha_1 \otimes_\varepsilon \alpha_2$。

$$\tilde{\alpha}_1 \otimes_\varepsilon \tilde{\alpha}_2 = \left(\frac{\mu_1 + \mu_2}{1 + \mu_1 \mu_2}, \frac{\nu_1 \nu_2}{1 + (1 - \nu_1)(1 - \nu_2)} \right) \tag{4}$$

$$\lambda \tilde{\alpha}_1 = \left(\frac{(1 + \mu_1)^\lambda - (1 - \mu_1)^\lambda}{(1 + \mu_1)^\lambda + (1 - \mu_1)^\lambda}, \frac{2\nu_1^\lambda}{(2 - \nu_1)^\lambda + \nu_1^\lambda} \right), \lambda > 0 \tag{5}$$

定义 5 设 $\alpha_j = (\mu_j, \nu_j)(j = 1, 2, \cdots, n)$ 为一个直觉模糊值集合,令 IFEWA: $Q^n \to Q$,如果

$$
\begin{aligned}
& \text{IFEWA}_\omega(\tilde{\alpha}_1, \tilde{\alpha}_2, \cdots, \tilde{\alpha}_n) \\
&= \bigoplus_{j=1}^n {}_\varepsilon(\omega_j \tilde{\alpha}_j) \\
&= \left(\frac{\prod\limits_{j=1}^n (1 + \mu_j)^{\omega_j} - \prod\limits_{j=1}^n (1 - \mu_j)^{\omega_j}}{\prod\limits_{j=1}^n (1 + \mu_j)^{\omega_j} + \prod\limits_{j=1}^n (1 - \mu_j)^{\omega_j}}, \frac{2\prod\limits_{j=1}^n \nu_j^{\omega_j}}{\prod\limits_{j=1}^n (2 - \nu_j)^{\omega_j} + \prod\limits_{j=1}^n \nu_j^{\omega_j}} \right)
\end{aligned}
\tag{6}
$$

其中 $\omega = (\omega_1, \omega_2, \cdots \omega_n)$ 为属性的权重,满足 $\omega_j \in [0, 1]$ 和 $\sum\limits_{j=1}^n \omega_i = 1$,则称函数 IFEWA 为 n 维直觉模糊爱因斯坦加权平均(IFEWA)算子。

三、基于直觉模糊信息的远程开放教育的教学质量评价研究

在现代学习化社会,世界每天都发生着巨大的变化,知识信息呈现爆炸型增长,人们对知识的渴求达到了前所未有的程度。随着我国现代远程教育工程的实施,电大开放远程教育已经成了高等教育的一部分,对我国的经济和社会的稳定发展起着非常重要的作用。自 1999 年教育部启动了"广播电视大学人才培养模式和开放教育试点"项目以来,全国已有 68 所高校开展现代远程教育,累计注册学生 200 多万。然而在扩大入学规模、提供更多受教育机会的同时,也出现了不少问题,比如如何保证电大开放远程教育的质量是一个迫切需要研究和解决的重大课题。目前我国在电大远程开放教育质量评价方面的研究和经验不多,而且没有形成较系统的、规范的模式;对我国电大远程开放教育质量研究比较分散,缺乏系统性;对我国电大远程开放教育质量的研究主要从保障措施的角度进行分析,但针对性不强,对如何提高我国电大远程开放教育质量的指导意义不够明显。本文研究了基于直觉模糊信息的远程开放教育的教学质量评价的多属性群决策问题。设 $A = \{A_1, A_2, \cdots, A_m\}$ 为方案集,$G = \{G_1, G_2, \cdots, G_n\}$ 为属性集,同时 $\omega = \{\omega_1, \omega_2, \cdots, \omega_n\}^T$ 为属性权重向量,满足 $\omega_j \in [0, 1]$,$\sum\limits_{j=1}^n \omega_i = 1$。则决策者对于方案 $A_i \in A\{A_1, A_2, \cdots, A_m\}$ 关于属性 $G_j \in G\{G_1, G_2, \cdots, G_n\}$ 进行测度,属性值为直觉模糊数 $\tilde{R} = (\tilde{\gamma}_{ij})_{n \times m} = (\mu_{ij}, \nu_{ij})_{n \times m}, i = 1, 2, \cdots, m, j = 1, 2, \cdots, n$,其中 μ_{ij} 表示决策者对于方案 A_i 关于属性 G_j 的满足程度,ν_{ij} 表示决策者对于方案 A_i 不满足属性 G_j 的程度,这里 μ_{ij} 和 ν_{ij} 的取值应满足条件 $\mu_{ij} \subset [0, 1], \nu_{ij} \subset [0, 1], \mu_{ij} + \nu_{ij} \le 1, i = 1, 2, \cdots, m, j = 1, 2, \cdots, n$。

下面利用本文的方法对 5 所备选的远程开放教育学院的教学质量进行评价。

步骤 1:利用直觉模糊爱因斯坦加权平均(IFEWA)算子对直觉模糊数决策矩阵 $\tilde{R}$ 中

的第 i 行的属性值进行集结,得到决策者对于决策方案 A_i 的综合属性值。

$$\tilde{\gamma}_i = (\mu_i, \nu_i) = IFEWA_\omega(\tilde{\gamma}_i 1, \tilde{\gamma}_i 2, \cdots \tilde{\gamma}_i n), i = 1, 2, \cdots, m. \tag{7}$$

步骤 2:计算决策方案 A_i 的群体综合属性值的得分函数。

$$S(\tilde{\gamma}_i) = \mu_i - \nu_i, i = 1, 2, \cdots, m.$$

步骤 3:根据 $S(\tilde{\gamma}_i)$ 的值的大小对方案 A_i 进行排序。

四、算例分析

自 19 世纪中叶,远程教育的模式已经大大地改变了通信技术的发展。目前,基于信息技术的发展和应用,远程教育专家将远程教育的发展过程分为三个阶段:19 世纪中期到 20 世纪中期是函授教育阶段,从 20 世纪中期到 20 世纪 80 年代是多媒体辅助远程教育阶段,20 世纪 90 年代至今是网络远程学习阶段。教学模式的改变总是带来一系列的问题,不能避免。20 世纪 90 年代末,双向视频会议系统基于卫星和互联网技术在广播电视大学迅速发展。自 1998 年以来,越来越多的大学开始提供远程教育课程。到 2003 年底,大学的数量,实现试验网络教学已达 68 所,其中包括中央广播电视大学。然而,快速扩张的规模和缺乏经验导致出现各种问题,降低了教学质量和社会信任。主要的问题如下:没有完整的质量保证体系,没有统一的质量标准,没有有力的监管,效率低的教学过程中,缺乏系统化的教学支持和服务。面对当前形势的现代远程教育,教育者应该仔细分析这些问题,找出原因并提出合理的建议,以保持距离教育稳步增长。本节研究了基于直觉模糊信息的远程开放教育的教学质量评价的多属性决策问题。假设现有专家拟对 5 所远程开放教育学院 $A_i(i = 1, 2, 3, 4, 5)$ 的教学质量进行评价,主要评价指标(属性)为 G_1:教学和学习的环境;G_2:教学信息的管理;G_3:课程设计和教学目标;G_4:教学实践。假设指标权重为 $\omega = (0.30, 0.10, 0.40, 0.20)^T$,决策者的直觉模糊评价信息如下所示:

$$\tilde{A} = \begin{array}{c} \\ A_1 \\ A_2 \\ A_3 \\ A_4 \\ A_5 \end{array} \begin{array}{cccc} G_1 & G_2 & G_3 & G_4 \\ \left[(0.4, 0.6) \right. & (0.3, 0.5) & (0.7, 0.3) & (0.3, 0.4) \\ (0.5, 0.4) & (0.6, 0.2) & (0.2, 0.2) & (0.6, 0.2) \\ (0.5, 0.3) & (0.5, 0.2) & (0.6, 0.4) & (0.6, 0.1) \\ (0.2, 0.3) & (0.8, 0.2) & (0.5, 0.2) & (0.5, 0.4) \\ (0.6, 0.46) & (0.6, 0.1) & (0.4, 0.4) & \left. (0.7, 0.2) \right] \end{array}$$

下面利用本文的方法对 5 所备选的远程开放教育学院进行排序:

步骤 1：利用 IFEWA 算子，我们计算得到决策方案 $A_i(i=1,2,3,4,5)$ 综合属性值 $\tilde{\gamma}_i$。

$$\tilde{\gamma}_1 = (0.47,0.22), \tilde{\gamma}_2 = (0.65,0.31), \tilde{\gamma}_3 = (0.54,0.21)$$

$$\tilde{\gamma}_4 = (0.59,0.14), \tilde{\gamma}_5 = (0.76,0.12)$$

步骤 2：计算决策方案 A_i 的综合属性值 $\tilde{\gamma}_i$ 的得分函数

$$S(\tilde{\gamma}_1) = 0.25, S(\tilde{\gamma}_2) = 0.34, S(\tilde{\gamma}_3) = 0.33$$

$$S(\tilde{\gamma}_4) = 0.45, S(\tilde{\gamma}_3) = 0.64$$

步骤 3：利用得分函数 $S(\tilde{\gamma}_i)(i=1,2,3,4,5)$ 对 5 所远程开放教育学院 $A_i(i=1,2,3,4,5)$ 进行排序：$A_5 > A_4 > A_3 > A_2 > A_1$，从而得到最优秀的远程开放教育学院为 A_5。

五、结论

远程教育是与科学技术的发展和应用密切相关的教育形式，信息技术和网络技术的发达，使得教育信息的传输更加方便快捷，利用远程教育来开展现代信息技术条件下社会各类成员的继续教育是适切的，关键是如何针对学习者的实际情况来构建教学模式和管理模式，实施有效的学习支持服务。学习支持服务是现代远程开放教育的构成要素，是高等教育管理中的一个重要问题，它架起了现代远程开放教育机构与学生之间的桥梁，为远程学习者提供帮助，保证学生的自主学习得以顺利进行和教学模式的有效运行。通过对学习支持服务体系的研究发现，应着力研究学习支持服务体系的建立，以学生为中心，为学生学习的全过程提供相应的支持服务和管理。这种支持服务管理应包括从学习理念、学习资源、学习场地、学习环境到学习的组织指导、咨询、反馈等方方面面的支持和帮助，它既是物质的，也是精神的和心理的。电大教师要加强研究探索，寻求多种有效的方式方法，一方面鼓励学生坚持不懈地学习，一方面积极帮助学生科学合理地安排，在有限的学习时间内充分有效地进行学习。教师应进一步转变观念，教学工作的重心应放在如何为学生的学习服务。教师应是学生学习观念的转换者、学习方法的指导者、学习动机的维持者、学习潜能的开发者、学习信息的收集者，总而言之，教师是学生学习的服务者。教师应该教书育人，学习育己。本文研究了基于直觉模糊信息的远程开放教育的教学质量评价的多属性群决策问题。我们利用直觉模糊爱因斯坦加权平均（IFEWA）算子来集结每个方案的直觉模糊信息，并得到每个方案的综合属性值，然后根据得分函数和精确函数来对方案进行排序和选优，从而得到最优方案。

本文参考文献

［1］Peide Liu, Y. Su, "The extended TOPSIS based on trapezoid fuzzy linguistic variables", *Journal of Convergence Information Technology*, vol. 5, no. 4, pp. 38 – 53, 2010.

［2］Hong Tan, Guiwu Wei, "OWCLCOA Operator and its Application to Comprehensive Evaluating Modeling of Brand Extension in Uncertain Linguistic Setting", JCIT：*Journal of Convergence Information Technology*, Vol. 6, No. 7, pp. 358 – 366, 2011.

［3］Jianli Wei, "TOPSIS Method for Multiple Attribute Decision Making with Incomplete Weight Information in Linguistic Setting", *JCIT*：*Journal of Convergence Information Technology*, vol. 5, no. 10, pp. 181 – 187, 2010.

［4］Minghe Wang, Peide Liu, "An Extended VIKOR Method for Investment Risk Assessment of Real Estate based on the Uncertain Linguistic Variables", AISS：*Advances in Information Sciences and Service Sciences*, Vol. 3, No. 7, pp. 35 – 43, 2011.

［5］Xiaorong Wang, Zhanhong Gao, Guiwu Wei, "An Approach to Archives Websites' Performance Evaluation in Our Country with Interval Intuitionistic Fuzzy Information", AISS：*Advances in Information Sciences and Service Sciences*, vol. 3, no. 7, pp. 112 – 117, 2011.

［6］Juchi Hou, "Grey Relational Analysis Method for Multiple Attribute Decision Making in Intuitionistic Fuzzy Setting", *Journal of Convergence Information Technology*, vol. 5, no. 10, pp. 194 – 199, 2010.

［7］W. L. Hung, and M. S. Yang, "Similarity measures of intuitionistic fuzzy sets based on L – p metric", *International Journal of Approximate Reasoning*, vol. 46, no. 1, pp. 120 – 136, Sep, 2007.

［8］W. L. Hung, and M. S. Yang, "On the J – divergence of intuitionistic fuzzy sets with its application to pattern recognition", *Information Sciences*, vol. 178, no. 6, pp. 1641 – 1650, Mar, 2008.

［9］D. K. Iakovidis, and E. Papageorgiou, "Intuitionistic Fuzzy Cognitive Maps for Medical Decision Making", *Ieee Transactions on Information Technology in Biomedicine*, vol. 15, no. 1, pp. 100 – 107, Jan, 2011.

［10］Y. C. Jiang, Y. Tang, and Q. M. Chen, "An adjustable approach to intuitionistic fuzzy soft sets based decision making," *Applied Mathematical Modelling*, vol. 35, no. 2, pp. 824 – 836, Feb, 2011.

［11］Y. C. Jiang, Y. Tang, Q. M. Chen et al., "Interval – valued intuitionistic fuzzy soft sets and their properties", *Computers & Mathematics with Applications*, vol. 60, no. 3, pp. 906 – 918, Aug, 2010.

［12］A. Kharal, "Homeopathic drug selection using Intuitionistic Fuzzy Sets," Homeopathy, vol. 98, no. 1, pp. 35 – 39, Jan, 2009.

［13］K. Atanassov, "Intuitionistic fuzzy sets, Fuzzy Sets and Systems", vol. 20, no. 3, pp. 87 – 96, 1986.

［14］K. Atanassov, "More on intuitionistic fuzzy sets, Fuzzy Sets and Systems", vol. 33, no. 5, pp. 37 – 46,

1989.

[15] S. M. Chen and J. M. Tan, "Handling multicriteria fuzzy decision – making problems based on vague set theory", *Fuzzy Sets and Systems*, vol. 67, no. 4, pp. 163 – 172, 1994.

[16] D. H. Hong and C. H. Choi, "Multicriteria fuzzy problems based on vague set theory", *Fuzzy Sets and Systems*, vol. 114, no. 3, pp. 103 – 113, 2000.

[17] Zeshui Xu, "Intuitionistic fuzzy aggregation operators", *IEEE Transations on Fuzzy Systems*, vol. 15, no. 6, pp. 1179 – 1187, 2007.

[18] Weize Wang, Xinwang Liu, "Intuitionistic Fuzzy Information Aggregation Using Einstein Operations", *IEEE Transactions on Fuzzy Systems*, 2012, in press.

附录五　有效的多媒体云计算信息流控制方案

谭金生,刘澎

摘要:多媒体云计算运用了大量资源,集合了包括图形、图像、音视频等资源在内的一系列复杂的运算,现在已成为流量控制的关键。传统分层标记桶的处理速度无法进行云计算。基于对多核处理器管道和分层标记桶信息流控制并行处理的分析,本文提出一系列原理来进行信息流控制的算法和分析,并得出实验结果。结果显示,与传统的信息流控制不同,多核处理器管道和分层标记桶信息流控制不仅极大地增强了处理器的处理能力,而且仍存在着良好的稳定性,从而使多媒体云计算的用户和云计算的数据规模相一致。

关键词:多媒体,云计算,分层标记桶,无锁的先入先出队列

一、引言

计算密集型多媒体服务的特点决定了它需要大量的计算资源。[1]多媒体服务通常包括图形、图像、音视频等在内的一系列运算,因此大量的计算资源非常必要。如流媒体传输这样的多媒体服务都需要有实时性。后期的计算资源应该能够保证大规模的计算,而使用移动终端将会使使用者增多、并行机制产生的数量增加,同时也可以使并行处理产生得更多[2-7]。基于传统并行计算、网格计算和其他关键技术基础之上的云计算毫无疑问能满足以上要求[7-11]。为了能够在多媒体云计算的平台上有效地管理大规模的信息流,解决用户分级服务与更优用户体验之间的矛盾,分层标记桶信息流控制机制应运而生。

在计算机网络的概念中,带宽管理是一项重要内容。其中,流量定形、调度算法、

作者简介:

谭金生,男,1963 年 12 月,高级工程师,天津广播电视大学继续教育学院副院长,主要从事学历教育与非学历教育的研究。

刘澎,男,1971 年 7 月,高级工程师,天津广播电视大学继续教育学院副院长,主要从事学历教育与非学历教育的研究。

拥塞避免和带宽预留组成了计算机协议[12-16]。本文中,信息流控制技术被称为流量定形。控制网络流量,保证了数据流的可靠性,优化了基本性能,减少了延迟,增加了实际可用频宽和其他功能。而以上这些功能会通过延迟发送某些特定的数据包来实现。

分层标记桶是一种分类别的流量定形行为和调度算法,在令牌桶算法的基础上对数据包进行判断并对层级结构进行组织和管理。也就是说,分层标记桶是基于类的队列的一种特殊的实现方式,能够限制流量速率和借用频宽。在多媒体云计算的平台上,为了全面有效地管理大规模的信息流,解决用户服务与更优用户体验之间的矛盾,分层标记桶信息流控制机制应运而生。

传统分层标记桶序列的处理速度并不够快。因此,本文在分层标记桶改进了的基础上,对这一问题进行了深入的分析,提出了一种包括多核处理器管道和分层标记桶信息流控制并行处理的机制,使多媒体云计算的用户和云计算的数据规模相一致。

本文在以下方面做了拓展与创新研究:

第一,在多媒体云计算机上,信息流控制中关键技术的基本原则详细分析了传统算法。由此可以发现,如今的分层标记桶算法的最大运行速度只能达到0.5千兆比特每秒。这样的处理能力只能用于非对称数字用户环线的家庭网络和小规模的场景。而多媒体云计算的实际处理能力应该在其原先算法效果的基础上有所改善。随着多核处理器的普及和其并行技术的不断发展,用多核处理器来平行放置分层标记桶的方法成为解决运行速度过低的有效途径。本文根据无锁先入先出队列的技术,在多核处理器这样的平台上对分层标记桶进行多媒体云计算的平行研究;其中"入列"和"出列"是信息流控制的主要步骤,也是导致竞技状态产生的两种潜在的运行方式。本文将这两种运行方式分成两种不同的处理器核心,在无锁先入先出队列平行法的基础上运用多核处理器来改善其性能,给出其算法。

第二,为了进一步证实无锁先入先出队列平行法的效用,本文进行了三项实验:实验一是基本性能测试,实验二是小型数据包测试,实验三是用户规模压力测试,也就是将实验一的用户数量翻倍,扩充到800个用户节点和1600个服务节点,带宽扩充到2千兆比特每秒。实验三是为了检验平行的分层标记桶是否能够在多媒体云计算和大规模的用户与数据流的条件下仍能正常工作。此外,每一项实验用附加的互斥队列进行数据包队列试验,来检验锁定数据结构的应用是否能够有效地提高效率。以上三项实验表明,使用了无锁先入先出队列平行法的分层标记桶性能良好。这一改善的情况得益于无锁的结构极大地减少了附加时间,同时也提高了访问速度。这种分层标记桶的方法包括2414类,共831448字节,这样的存储空间能够完全负荷第二层快取存储器的处理器。

二、提出的方案

（一）信息流控制

在计算机网络的概念领域中,带宽管理是一项重要的研究内容,主要包括:流量定形、网络分组调度策略、拥塞避免机制和资源预留协议。通过控制网络流量,流量定形保证了数据流,优化了基本性能,减少了延迟,增加了实际可用频宽和其他功能,这些功能会通过延迟发送某些特定的数据包来实现。流量定形的基本理念旨在测量特定的数据流,进行及时的延迟,这样每一个数据包都能够完成预先设定的方案。

分层标记桶信息流控制算法促进传统的基于类的队列流量控制算法优化升级;最主要的是,它在控制速率和进一法取整速率的基础上提出了一套完整的带宽借贷系统。

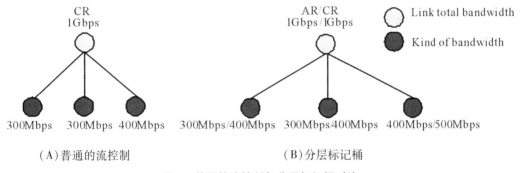

图1　普通的流控制与分层标记桶对比

简单的信息流控制机制不能解决速率限制与带宽有效利用之间的矛盾,而分层标记桶算法能够解决这一矛盾并且使带宽得到有效利用。分层标记桶算法能够确定每个数据流的保证率和取整率,同时,它还重视流量的控制和带宽利用率。这样一来,不仅在网络忙碌时能够确保所有数据流的速度,而且能在同一时间将多余的网络带宽加入数据流中去,从而使带宽的利用率达到最大。既"借"又"还"的分层流量控制策略使多优先级模式的多媒体云服务和大规模用户的带宽相一致,从而改善了用户的体验。

（二）分层标记桶算法的基本原则

根据基本定义,链接共享对象和调度方案介绍了分层标记桶的实现原则。

1. 基本定义

类别:每一类都有确定的保证率、取整率、优先级、总量子数和其他关于层级的参数。其中,实际速度以电阻为特征。对于一个非叶节点来说,电阻的价值在于它能够汇集所有子代节点的价值。

状态:每一个叶节点都有它自己的现行状态,即:类别的状态,电阻价值计算的状态,保证率价值计算的状态,取整率价值计算的状态。它们分别用红色、黄色、绿色来表示:

$Reat\ R > CR$　　红色:电阻 > 取整率

$Yellow:AR < R \leqslant CR$　　黄色:保证率 < 电阻 ≤ 取整率

$Green:R \leqslant AR$　　绿色:电阻 ≤ 保证率

D(c):如果类别的状态显示黄色,那么D(c)则表示所有叶节点中数据c的支系都需要发送,而数据c与其支系之间的节点也要发送。这一过程就表示节点从类别c上借用了带宽。

2. 链接共享对象

分层标记桶链接共享能够计算每一类电阻的实际速度。对于类别c,它的实际速度如公式(1)所示:

$R_c = min(CR_c, AR_c + B_c)$　　电阻 = min(取整率,保证率 + B)

$Reat\ R > CR$　　红色:电阻 > 取整率

$Yellow:AR < R \leqslant CR$　　黄色:保证率 < 电阻 ≤ 取整率　　　　(1)

$Green:R \leqslant AR$　　绿色:电阻 ≤ 保证率

其中,B来自前面所提到的带宽,能够用以下方式表示(p表示类别C_s的母节点):

$$B_c \begin{cases} \dfrac{Q_c \times R_p}{\sum_{Q_{i\epsilon D(p)}} Q_i}, min(p_i \epsilon D_p) \geqslant P_c \\ \quad\quad 0, \quad\quad\quad 其他 \end{cases} \quad (2)$$

当带宽被共享时,公式(1)和公式(2)的内容是首先要考虑的。如果一类当中没有父节点,Bc等于0;如果在支系当中需要在队列里发送更优先级,这两个公式的内容更应该优先考虑。由此可以看到,借用的带宽相应地运用到了相同优先级的Q值当中。

3. 调度方案

图2显示了分层标记桶调度的整个过程。

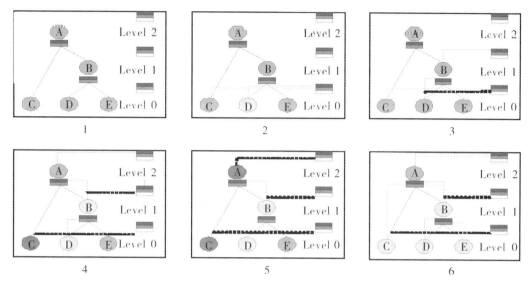

图2　分层标记桶的调度示例

　　虽然信息流分散时分层标记桶的各类能够自由地组成树形结构,但是在实际执行的过程中,各类发送和借用之间是靠红—黑树的形式来组织和安排的。在每个图表的红—黑树树形结构的自接口中,在右边用条形图表示。

　　每一级和每一优先级都有其相应独一无二的自接口。其中,红色表示拥有最高优先权;蓝色次之;白色表示等待队列。红色或蓝色的自接口被服务器托管在绿色节点上,而这些节点需要按层级和优先级发送出去;与此同时,白色接口所代表的等待队列在这一级上要同时输送所有的红色和黄色节点。

　　在每个内部非叶类中,都有一套内部载入接口,它们的存在取决于所在层级和第一层。这种结构保持着子类 D(c)的结构,颜色呈现黄色。

　　如果所有的类别都有正确的结构,那么下一个数据包的发送将会很容易:最简单的情况下,只需要选择最低层级或最优先级的自接口数据包。在第一幅图中没有这样的类别,因此就没有要发送的数据包。在第二幅图中,节点 D 的层级最低且处于最优先级上,因此它的数据包要最先发送出去。

　　第二幅图的发送过程为:包含节点 C 和节点 D 的数据包到达服务器,嵌入到相应的数据包队列,并进行入列操作。而其中首先要做的是激活分层标记桶的各个类别。

(三)多媒体云计算并行分层标记桶

　　为了能够在保有分层标记桶原特点的基础上充分地提高处理能力,必须有效地运用大规模的多媒体云计算场景,这样一来它的性能就应该能在不更改原先算法的基础上得到优化。为了达到这样的目的,有人提出在多核处理器上使用并行法。与高性能科学计算领域不同,网络应用通常带有细微性和实时性的特征;一个数据包通常需要在几毫秒之内处理完毕。由此,锁定或解除锁定要花费很长的中央处理器的时钟周期;同时由于并行技术要进行大量的并行操作,因此锁定将成为一项技术上的瓶颈,从而限制了处理速度。虽然网络任务已经粗算到了毫秒,甚至每一秒都可以成功地进行并行处理,但是由于多核处理器无法控制快速的同步机制来满足要求,因而细粒度的网络应用仍然很难通过多核处理器进行并行处理。所以,新的要求催生了新式的多核架构软件同步机制。

相对而言,无锁数据结构更加经济实用,如今已经渐渐成为主流。这一结构的基本原理是运用非相互排斥并发数据结构来完成同步机制。对于多核处理器来说它们是很好的选择。它们相应算法的可伸缩性更强,能够突破死锁,解决优先级倒置的问题。

1. 瓶颈分析

性能中的瓶颈在以下两个方面影响了分层标记桶的处理能力:

第一,分层标记桶有两项主操作:入列和出列。入列确认各类别中相对应的数据包,并将其嵌入到这类的数据包队列中,然后完成激活操作。

第二,运用锁定是影响性能的又一重要因素。为了避免系统调度程序的无序操作导致临界数据结构遭到破坏,分层标记桶使用现有的锁定方式。

关于分层标记桶的瓶颈问题,本文在无锁先入先出队列并行方法的基础上提高多核处理器的性能。

通常情况下,一个专门的并行结构很难得到充分理解和有效运用。因此,在本文中,我们对网络应用采用了一套新的并行步骤,探究普遍的并行理论。首先,根据现有串行应用自身的特点,选择无锁结构来满足要求;然后在网络应用中使用核对核管道风格来进一步提升效率;最后,在单核的环境中消除不必要的锁定,在键结合方面用无锁结构代替单核,显著地改善性能。这一方法非常的简单通用。在这一理论基础上,由于分层标记桶被当作一项信息流控制机制,因此本文首先选择无锁先入先出队列结构。而连接多个处理阶段的关键是数据包队列。无锁先入先出队列的特点几乎与其一致。基于此,传统的分层标记桶被管道风格分割。无锁的先入先出队列取代了连接各个阶段的节点上原先的锁定。

2. 无锁先入先出队列上的流水操作

分层标记桶包括两步主要操作:入列和出列。前者是入列操作,后者是出列操作。从前文中提到的分层标记桶调度过程我们可以看到,虽然分层标记桶的数据结构过去常常影响自身的传输功率,带宽借用之间的矛盾非常复杂,牵涉到红—黑树树形结构,但是从模块的外部看,数据包进行的仅仅是入列和出列。对于这些数据结构的运行,即:带宽借用关系的产生与发布和发送状态的变化与升级,都在选择相应数据包之前、计时器和发送的数据包出列后执行。因此,从宏观角度看,入列和出列是信息流控制的主要步骤,同时也是潜在竞态条件的两种运行方式。本文的基本思想是将这两种运行方式分成两种不同的处理器核心,并将它们处理成装配线的方式。由此,分层标记桶的任务能在最开始就能平行分配,如图3所示:

两个核心之间通过无锁先入先出队列的数据队列联系起来。

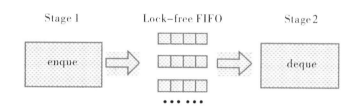

图3　无锁先入先出队列基础上的双核装配线方式的并行化

无锁先入先出队列替代了原有类别中的数据包队列,是因为这个程序的设计目标伴随着无锁先入先出队列将入列和出列的运行当作唯一一种可能的并发访问途径而被定义为其临界面积。由于无锁先入先出队列自身不需要锁定,接入它们不需要花费很多额外的时间,因此在讨论以上并行化和未锁定的两个方面,瓶颈问题可以忽略。与关系树中各类别的叶节点相比,并行分层标记桶中所使用的无锁先入先出队列的数量是相同的。每一个无锁先入先出队列都是入列和出列运行以嵌入和移动数据包的通道。无锁先入先出队列的效率将能够保证处理器尺寸的大小不会过多影响其性能。

3.消除锁定

虽然并行化的基本思想是要使用无锁的先入先出队列,但是在原有的分层标记桶中锁定的作用不能被轻易忽略;由于入列和出列都将涉及一些全局性的分层标记桶红—黑树结构,所以锁定在分开这两个运行过程或两个处理器之前不能消除。这些都需要针对这项算法中的入列和出列进行调整。

由以上内容我们可以看到,一些全局性的红—黑树结构会导致竞技状态的产生,包括:自载入流树形结构,借用树形结构和等待树形结构。入列和出列的运行可以接入这些全局性的结构。这些结构证明了锁定存在的意义。

（1）在分层标记桶中接入全局性结构

在分层标记桶中，入列和出列的运行可以是自下而上或者是从上到下地游移在树形结构中，因此进行锁定来保护这些临界面积非常必要。如同上文提到的调度机制，入列时，所选类别的数据包是空的，也就是说，嵌入的新数据包的队列长度从 0 变成了 1，出列时，节点的传输模式将被激活（与处于发送状态的实际节点无关）；类似的是，出列时，如果长度从 1 变成了 0，所选类别的数据包队列就要发送这个数据包。这一过程称为反激活。反激活会关闭这一类中的传输模式（与节点的实际发送状态无关）。根据最普遍的类别状态（红色、黄色、绿色），以上的激活与反激活两种运行方式，都涉及全局性自载入流树形结构、借用树形结构和等待树形结构不同的运行方式，因此需要锁定它们来维持结构。

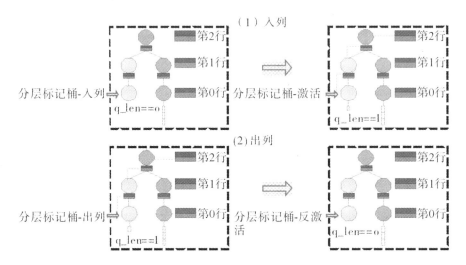

图4　入列的激活过程与出列的反激活过程

图 4 是上述情况的一个示例。图表中的虚线框表示获得全局性资源的方法，红线表示自载入流树形结构和借用树形结构。黄色的节点代表此时能够借用带宽的类别，绿色的节点则代表拥有发送能力而无需借用带宽的类别。

一方面，在入列时，当一个数据包到达，应该最先将其嵌入相应叶节点的数据包队列中。

在这种情况下（图 4 的上半部分），底部叶节点数据包队列的长度从 0 变成了 1，传输模式由此激活。

此时，由于实际的发送状态显示黄色，因此需要从它的母节点上借用带宽；而由于上方它的父节点状态也显示黄色，所以只能再次从父节点上借用带宽。同时，由于顶层的节点状态显示绿色，所以在发送时不需要借用带宽而直接自动进入自载入流树形结构中,用借用树形结构将三个节点联系起来。由此可见,激活的首过程将会涉及一个全局性的多树结构,这一结构使借用关系得以建立。

另一方面,如图4中下半部分所示,出列也需要根据从上到下的带宽借用关系进入到全局性结构中,来确定当前节点能够发送数据包和移动数据包。

数据包发送后,下半部分剩下的节点队列长度从1变成了0,由此出列进行了反激活,从而终止了这个节点的发送模式。虽然从发送状态来看,下半部分余下的黄色节点仍能够从上代节点中借用带宽,但是这一终止的进程自身能够接入自载入流树形结构和借用树形结构中,同时也能废除已建立的带宽借用关系。总的来说,入列和出列的运行方式不能简单地并行化,它们很有可能导致全局性结构的改变。

（2）算法校正

分层标记桶入列和出列算法的校正为并行化带来了可能性。实际上,出列会在每个节点处于实际发送状态移动数据包时重新计算,更新已建立的带宽借用联系,维持发送关系。因此,根据队列的长度激活和终止传输模式有点多余。激活和反激活的程序也可以删去。入列只需要为最新到达的数据包寻找相应的叶类,然后将其嵌入队列中的类别里,这时出列会使数据游移到全局性数据结构中,入列和出列不必同时进行,由此,入列和出列能够分成两个单独的核心。按照已提出的并行化理论的步骤,不必要的粗略化锁定已取消,而无锁先入先出队列的运用与分层标记桶双核组合实现了并行化。图5描述了算法校正后的入列和出列过程。与图4相同,图表中的虚线框表示能够接入的资源。通过入列和出列接入的资源取决于叶类的数据队列,而使用无锁先入先出队列取代简单的队列将彻底消除两个核心之间的竞技状态。

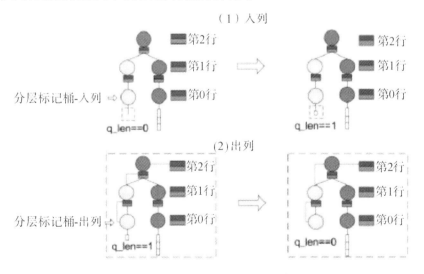

图5　无需激活的入列过程和带有反激活的出列过程

当队列的长度从 0 变成了 1,改进后的算法不再需要激活此类中的传输模式,由此在开始分层标记桶模块时,它将所有节点的状态设定为发送。出列时,一个类别队列的长度从 1 变成了 0,运行中的节点需要快速将传输节点传送到下一个非空队列中,并对关键树形结构进行更新。

与原先的算法相比,改进后的算法可能仅仅存在以下缺点:由于对队列的长度缺乏相应的监测,许多共存的数据可能会被发送。但是叶类的队列是空的,由此可能会导致这一服务节点频繁的置换,从而增加了额外的时间,影响了性能。

(四)锁定先入先出队列基础上的大规模数据队列

由于现在只有数据包队列能够同时通过入列和出列访问,所以将无锁先入先出队列当作数据包队列将会彻底消除并行化分层标记桶的竞技状态。入列只能在同一时间向一个叶类里嵌入一个程序包,而出列可以在一个叶类中删除一个数据包。因此,先入先出队列应该是一个简单的单一发生器,即单一的用户模型。本文引用了新式的无锁先入先出队列结构,其算法和运行方式如图 6 所示:

```
1. FIFO_PUT( FIFO_ELEMENT * data , inti ) {

2. head = queue_head [ i ]

3. if( null ! = queue[ i ] ( head )

4. return FLASE ; //The quue is full

5. queue [ i ] [ head ] = * data ; //! mod add

6. queue_head [ i ] + + , //! mod add

7. reture TRUE ;

8. }

9. IF ( NULL = = TEMP )

10. return FLASE ; //! The queue is empty

11. queue_tail [ i ] + + ; //! mod add

12. return TRUE ;

13. }
```

```
1. 无所先入先出输出(先入先出队列元素 * 数据){
2. 磁头 = 队列的磁头［i］
3. 如果(空！= 队列［i］(磁头)
4. 返回 反之则为假; //队列满
5. 队列［i］［磁头］= * 数据; //! 模数增加
6. 队列的磁头［i］+ + , //! 模数增加
7. 返回 真;
8. }
9. 如果(空 = = 临时的)
10. 返回反之则为假; //! 队列空
11. 队列尾［i］+ + ; //! 模数增加
12. 返回真;
13. }
```

图 6　无锁先入先出队列

在并行化分层标记桶中,先入先出队列的设计目标是为了将处理延迟降到最低。由于每个叶节点有其自身的先入先出队列,而在同一队列中,入列和出列的运行速度非常慢,因此不需要高级的高速缓存线路技术和高速缓存线路聚合技术,而需要较简单且有效的无锁先入先出队列。

三、实验与分析

(一)实验环境

根据多媒体云计算的场景特点,作者设计了一种分层标记桶带宽分配树作为数据中心的出口。如图 7 所示,树形结构中的叶节点代表不同的通用式,这些通用式将被分配给实际带宽。在这里我们设计了两种通用式:0.5 兆比特每秒/1 兆比特每秒和 2 兆比特每秒/12 兆比特每秒。前者是基本服务,通常情况下要求很少,例如:网络服务;而后者需要更多的带宽多媒体服务,例如:流媒体服务。每个用户都拥有这两种服务通道,而用户节点比叶节点的级别要高。本文进行了三项实验:实验一是基本性能测试,即在图 7 的

用户设置情况下快速地发送所有叶节点或部分叶节点,来检测分层标记桶的基本工作条件,并在删除锁定中频繁的服务节点后测试是否会对性能造成影响;实验二是小型数据包测试,即在图7的用户设置情况下,使用以太网最短的64字节的数据包进行最坏情况测试,来检测并行化分层标记桶的处理线速度;实验三是用户规模压力测试,也就是将实验一的用户数量翻倍,扩充到800个用户节点和1600个服务节点,总带宽扩充到2千兆比特每秒,来检验并行化的分层标记桶能否在多媒体云计算的实际场景和大规模的用户与数据流的条件下仍能正常工作。此外,每项实验都使用额外的互斥队列作为数据包队列来检测锁定数据结构能否有效提高效率。

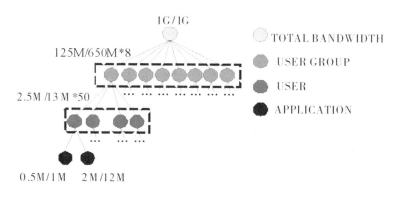

图7 带宽为1千兆比特每秒时的分层标记桶带宽分配树结构

(二)实验结果与分析

表1、表2、表3分别列出了实验一、二、三的结果。表格中的"数据节点"指出了实验中信息流叶节点的数量;在实验一和实验三中,只有2/3的用户流量得到了检验,另外的1/3完全没有流量。关于"平均数据包长度",实验选择了最短的数据包长度和以太网框架的平均数据包长度。"进入速度"标明了当流量到达时每个用户节点数据的速度。由于实验是为了测试改进后并行化分层标记桶的处理速度,所以实验中所有叶节点的速度是固定的,比到达时速度的准确率要高;除了节点没有流量的情况外,各项信息都按照"平常速度/多媒体服务速度"的形式来表示。"输出速度"是实验中叶节点的信息流平均输出速度,是反映信息流控制的重要标志。两种"处理速度"用每秒二进位数和数据包数量测量并行化分层标记桶信息流控制模块的输出速度,反映出分层标记桶的处理能力能够负载这样的速度。"入列时间"和"出列时间"标明了每个数据包入列或出列时所需要的平均时间。

表 1　实验一的结果

队列	数据节点	平均数据包长度（字节）	进入速度（兆比特每秒）	输出速度（兆比特每秒）	处理速度（兆比特每秒）	处理速度（兆比特每秒）	登录时间（微秒）	一组所用时间（微秒）
先入先出队列	800	782	1/12	0.50/2.01	0.16	1003	0.39	0.55
互斥队列	800	782	1/12	0.49/2.00	0.16	996	2.54	3.37
先入先出队列	534	782	1/12	0.76/3.00	0.16	1002	0.53	0.57
互斥队列	534	782	1/12	0.73/3.01	0.15	989	2.44	3.49

表1显示了实验二(一)的结果。可以看到,所有的叶节点接收到的信息流比率比流量进入的准确率要高;这时无锁先入先出队列和互斥队列可以发挥更好的信息流控制功能,平均的输出速度与准确率的规定基本一致,而总的处理速度也达到了 1 千兆比特每秒的总带宽。

即使1/3 的节点流量无法获得,叶节点中仍有许多空白节点,因此平均的出列时间也没有大量增加;而实验结果和所有节点的信息流的区别并不大,证明了空白节点造成的潜在性能影响非常小。此外,虽然在输出速度方面仍有不同之处,但使用了互斥队列锁定的出列时间比使用无锁先入先出队列的时间要多得多,使数据信息流压力增大时性能上出现的不同之处更多。

表 2　实验二的结果

队列	数据节点	平均数据包长度（字节）	进入速度（兆比特每秒）	输出速度（兆比特每秒）	处理速度（兆比特每秒）	处理速度（兆比特每秒）	登录时间(微秒)	一组所用时间(微秒)
先入先出队列	800	64	1/12	0.48/1.87	1.83	941	0.39	0.55
互斥队列	800	64	1/12	0.17/0.19	0.29	147	2.45	3.37

表2给出了实验二的结果。在这项实验中,所有的叶节点都在64字节的小数据包中进行传输;在网络应用中频繁进行最坏情况测试来检测最大线速度。可以看出,使

用并行化无锁先入先出队列使分层标记桶的整体效率稍稍下降,而出列时间基本上成为限制性能改善的瓶颈。使用互斥队列后,出列时间比无锁先入先出队列的时间要长很多,它的最大速度仅能达到 147 兆比特每秒,比 1 千兆比特每秒的目标带宽速度低得多。

因此,我们可以看到,使用锁定将会对并行化分层标记桶的性能产生巨大影响,总的处理速度降低使得一般服务和多媒体服务减少,发送数据不得不依照相同的速度数据;最终,信息流控制基本上丧失了它的功能。

表 3 给出了实验三的结果,也就是将实验一的用户数量翻倍,扩充到 800 个用户和 1600 个叶节点。

可以看出,2 千兆比特每秒的总带宽实际上对使用了无锁先入先出队列的并行化分层标记桶没有影响;无论是单一用户的输出速度还是所有用户的输出速度,基本上都应该与有限的信息流控制保持一致,也就是说,1/3 的用户没有数据,但是并未产生任何影响。而使用受出列时间瓶颈影响的互斥队列,其单独用户的输出速度和所有用户的输出速度无法达到信息流控制的目标。

表 3　实验三的结果

队列	数据节点	平均数据包长度（字节）	进入速度（兆比特每秒）	输出速度（兆比特每秒）	处理速度（兆比特每秒）	处理速度（兆比特每秒）	登录时间（微秒）	一组所用时间（微秒）
先入先出队列	1600	782	1/12	0.50/2.04	0.16	0.32	0.39	0.55
互斥队列	1600	782	1/12	0.62/1.68	0.16	0.29	2.54	3.35
先入先出队列	1068	782	1/12	0.75/3.08	0.16	0.3	0.38	0.57
互斥队列	1068	782	1/12	0.77/2.52	0.15	0.26	2.44	3.53

实验三中,使用了无锁先入先出队列的并行化分层标记桶有了很好的性能;不仅在使用了锁定树形结构的情况下减少了额外消耗的时间,同时,分层标记桶总计配置了 2414 个类别和 831448 个字节,这样的存储空间能够将第二层快取存储器的内容负载到中央处理器上,这样一来,存取速度也得到了提高。

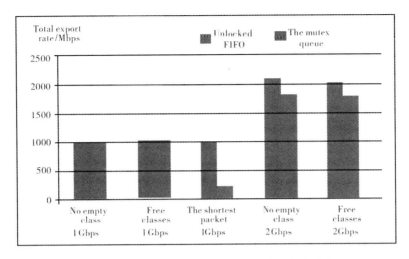

图 8　无锁先入先出队列与互斥队列的总速度对比

图 8 很形象地展现出在第三项实验中无锁先入先出队列和互斥队列的总输出速度对比,这些数据最直接地反映了信息流控制的承受能力。由此可以看出,数据流的压力越大,无锁先入先出队列的优点就越明显。

为了测试并行化分层标记桶完成信息流控制的流畅度,实验一在固定的时间间隔里为输出速度取样。

图 9 和图 10 反映了总的输出信息流和随机抽取多个用户样例的结果。由于单独一个用户的数据信息流太少,数据包的长度过多地影响了数据结果,因此对于单独的用户,取样的时间更长,时间间隔达到 50 毫秒。

由此可见,取样曲线基本上是流畅的,这表明并行化分层标记桶能够很好地进行信息流控制。这对于用来服务大规模用户的多媒体云计算来说意义重大。

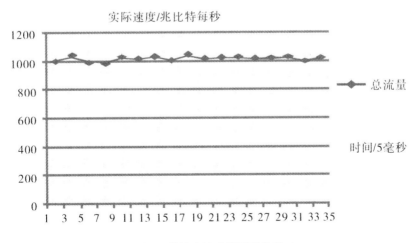

图 9　总输出速度的取样结果

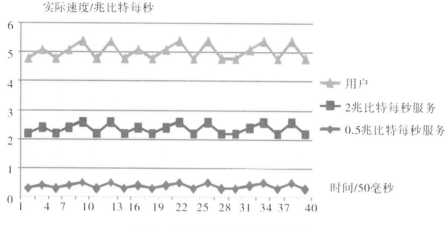

实际速度/兆比特每秒

用户

2兆比特每秒服务

0.5兆比特每秒服务

时间/50毫秒

图10　单独用户输出速度的取样结果

四、结语

信息流控制是多媒体云计算的一项重要功能,需要认真研究来保证它的服务质量。许多的多媒体服务拥有其自身的特点,这导致信息流控制方案必须分级。这样不仅能够服务用户,还能充分地利用资源。本文介绍了信息流控制的基本概念,阐述了在多媒体云计算平台目前的算法基础之上使用分层标记桶的方案。对于分层标记桶处理速度以前所遇到的瓶颈问题,本文基于无锁先入先出队列的组合列设计出一种并行化的分层标记桶。在将并行化分层标记桶的障碍程序语言英语化之后,并发访问范围内出现了一项新的算法。此时入列和出列的运算受到了数据队列结构的限制,但同时为并行化分层标记桶实现管道程式化提供了可能性。本文还分析出采用无锁先入先出队列技术能达到完整消除锁定、提高效率的目的。最后的实验结果显示,运用了无锁先入先出队列的并行化分层标记桶不仅大大提升了其处理能力,而且还保持了很好的稳定性。此外,经过与互斥队列相比,无锁先入先出队列的优点一目了然。

本文参考文献

［1］ R. Berangi, S. Saleem, M. Faulkner, et al. TDD cognitive radio femtocell network（CRFN）operation in FDD downlink spectrum. IEEE, 22nd International Symposium on Personal, Indoor and Mobile Radio Communications, 2011: 482 –486.

［2］ D. Xu, Z. Y. Feng, Y. Z. Li, et al. Fair Channel allocation and power control for uplink and downlink cognitive radio networks. IEEE, Workshop on mobile computing and emerging communication networks, 2011:591 –596.

［3］ W. Q. Yao, Y. Wang, T. Wang. Joint optimization for downlink resource allocation in cognitive radio cellular networks. IEEE, 8th Annual IEEE consumer communications and networking conference, 2011: 664 –668.

［4］ S. H. Tang, M. C. Chen, Y. S. Sun, et al. A spectral efficient and fair user – centric spectrum allocation approach for downlink transmissions. IEEE, Globecom,2011:1 –6.

［5］ K. Ruttik, K. Koufos, R. Janttir. Model for computing aggregate interference from secondary cellular network in presence of correlated shadow fading. IEEE, 22nd International Symposium on Personal, Indoor and Mobile Radio Communications, 2011: 433 –437.

［6］ J. Naereddine, J. Riihijarvi, P. Mahonen. Transmit power control for secondary use in environments with correlated shadowing. IEEE, ICC2011 Proceedings, 2011:1 –6.

［7］ W. Ahmed, J. Gao, S. Saleem, et al. An access technique for secondary network in downlink channels. IEEE, 22nd International Symposium on Personal, Indoor and Mobile Radio Communications, 2011: 423 –427.

［8］ D. L. Sun, X. N. Zhu, Z. M. Zeng, et al. Downlink power control in cognitive femtocell networks. IEEE, International conference on wireless communications and signal processing, 2011: 1 –5.

［9］ N. Omidvar, B. H. Khalaj. A game theoretic approach for power allocation in the downlink of cognitive radio networks. IEEE, 16th CAMAD, 2011:158 –162.

［10］ Luqiao Zhang, Qinxin Zhu, Juan Wang, Adaptive Clustering for Maximizing Network Lifetime and Maintaining Coverage. *Journal of Networks*, Vol 8, No 3（2013）, 616 –622.

［11］ Neamatollahi P. , Taheri H. , Naghibzadeh M. , Yaghmaee M. H. , "DESC: Distributed Energy Efficient Scheme to Cluster Wireless Sensor Networks", Proc. The 9th IFIP TC 6 International Conference 2011, pp. 234 –246, Jun. 2011.

［12］ Ning Xu, Aiping Huang, Ting – Wei Hou, Hsiao – Hwa Chen, "Coverage and Connectivity Guaranteed Topology Control Algorithm for Cluster – based Wireless Sensor Networks", *Wireless Communications and Mobile Computing*, *vol.* 12, *no.* 1, *pp.* 23 –32, *Jan.* 2012.

［13］ *Muhammad J. Mirza, Nadeem Anjum. Association of Moving Objects across Visual Sensor Networks. Journal of Multimedia*, Vol 7, No 1（2012），2 – 8.

［14］ Zhao Liangduan, Zhiyong Yuan, Xiangyun Liao, Weixin Si, Jianhui Zhao. 3D Tracking and Positioning of Surgical Instruments in Virtual Surgery Simulation. *Journal of Multimedia*, Vol 6, No 6（2011），502 – 509.

［15］ Muhammad J. Mirza, Nadeem Anjum. Association of Moving Objects Across Visual Sensor Networks. *Journal of Multimedia*, Vol 7, No 1（2012），2 – 8.

［16］ Kasman Suhairi, Ford Lumban Gaol, The Measurement of Optimization Performance of Managed Service Division with ITIL Framework using Statistical Process Control. *Journal of Networks*, Vol 8, No 3（2013），518 – 529.

附录六　加快发展继续教育是建立和完善终身教育体系的重要途径

谭金生　刘澎

摘要:随着社会的不断进步和知识经济的迅速发展,由工业经济时代对自然和资本资源的争夺逐渐转变为信息时代对知识和人力资源的竞争;指明我国目前的教育体系结构中各种教育模式的内涵,它们之间存在内在联系。加快发展继续教育是通往终身教育体系的桥梁;保证继续教育的质量是构建终身教育体系的基石。本文从这两个方面论证了加快发展继续教育是建立和完善终身教育体系的重要途径。

关键词:职业教育,成人教育,继续教育,终身教育,教育体系结构

百年大计,教育为本。随着新科技革命和知识经济的迅速发展,标志着经济发展由工业经济时代对自然和资本资源的争夺逐渐转变为信息化时代对知识和人力资源的竞争,国家综合国力和竞争能力越来越依赖于人才资源的质量和创新水平,教育在国民经济和社会发展中的基础性、先导性和全局性地位益显突出。面对 21 世纪全球化的经济、科技、社会等诸多领域的深刻变化,纯粹的学历教育远远不能满足社会的发展、多样化职业岗位以及人们追求高质量生活的要求。这激发了人们求知务学的积极性与主动性,人们需要不断地进行继续教育,自我完善,以适应社会对综合素质能力的复合型人才的需要。

教育体系结构的设置是否科学与规范,不仅直接反映出一个国家教育质量和教育水平的高低,更是体现一个民族复兴以及实现国富民强的根本保证。

作者简介:

谭金生,男,1963 年 12 月,高级工程师,天津广播电视大学继续教育学院副院长,主要从事学历教育与非学历教育的研究。

刘澎,男,1971 年 7 月,助理研究员,天津广播电视大学继续教育学院副院长,主要从事学历教育与非学历教育的研究。

一、我国的教育体系结构、各种教育模式的内涵以及它们之间的内在联系

1. 我国教育体系的结构

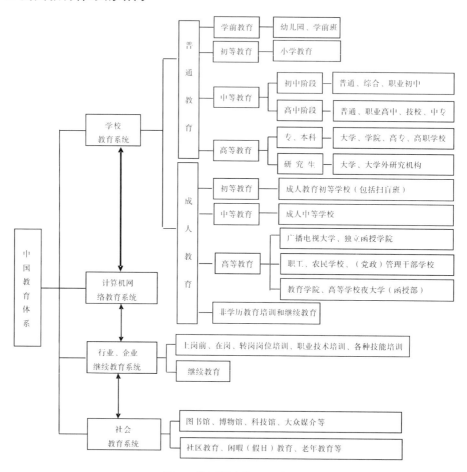

图1　我国教育体系示意图

2. 教育模式的内涵

普通教育(General Education):普通教育是指包括学前教育、初等教育、中等教育和高等教育的学校教育制度,是一种学历教育。

职业教育(Vocational Education):职业教育是指使受教育者获得某种职业或生产劳动能力所需要的职业知识、技能和职业道德的教育。它包括初等、中等和高等职业教育。

成人教育(Adult Education):成人教育是指通过业余、脱产或半脱产的途径对成年人进行的教育,是学校教育的继续、补充和延伸。它包括岗位职务培训、进修和参加函授、

电视大学、自学考试、网络学院等形式进行的成人学历教育。

继续教育(Continuing Education):继续教育是指已经脱离正规教育,已参加工作和负有成人责任的人所接受的各种各样的教育。继续教育是对专业技术人员进行知识更新、补充、拓展和能力提高的一种高层次的追加教育。具体说,继续教育概念包含了以下几种含义:第一,继续教育是一种非学历的成人教育;第二,受教育者在学历上和专业技术上已达到了一定的层次和水平;第三,继续教育的内容是新知识、新技术、新理论、新方法、新信息、新技能;第四,学习的目的是为了更新补充知识、扩大视野、改善知识结构、提高创新能力,以适应科技发展、社会进步和本职工作的需要。澳大利亚把继续教育称之为职业技术教育(Technical And Further Education,简称 TAFE)。

终身教育(Lifelong Integerated Education):终身教育是人们在一生中所受教育的总合。它包括教育体系的各个阶段、各个方面、各种方式,既有正规教育和非正规教育,又有家庭、学校职业单位和社会等方面的教育。总之,它覆盖教育的一切方面,是人从孕育到生、最后到死亡,连续的、有系统的教育。日本有位学者曾把终身教育比喻为"从摇篮到坟墓所受到的全部教育"。

3. 内在联系

普通教育、职业教育、成人教育、继续教育和终身教育是目前我国教育体系中存在的几种教育教学模式,它们之间既有区别,又存在内在的联系,普通教育是其他几种教育的基础,而其他几种教育又是普通教育的延伸和补充。

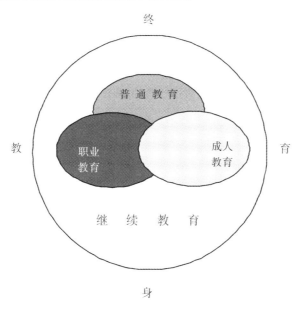

图2　教育模式关系图

二、发展继续教育是构建终身教育体系的桥梁

书山有路勤为径,学海无涯苦作舟。人的一生是通过"学习—工作—再学习—再工作"这种形式循环往复,以孜孜不倦的精神追求自己的人生目标。如果说职业教育能够促进消除贫困的话,那么继续教育乃至终身教育则能够改变人的工作环境和生活质量。

1. 搭建终身教育体系数学模型

为了更科学地描述终身教育,建立终身教育数学模型,把终身教育记作 ZSJY,则终身教育模型为:

$$ZSJY = \sum_{i=0}^{n} Pi \ (i = 0,1,2\cdots\cdots n) \ 或 \ ZSJY = \{P0,P1,P2\cdots\cdots Pn\}$$

Pi 表示接受教育的不同阶段,i 表示自然数。

当 i = 0 时,表示胎教阶段。

当 i = 1 时,表示学前教育阶段。

当 i = 2 时,表示普通教育阶段中的小学教育阶段。

······

当 i = n 时,表示继续教育阶段。

终身教育实际就是将每个人一生在不同阶段所受不同教育的总和。

则继续教育表示为:

$$\{P_{继续教育}\} = \{ZSJY\} - \{P_{胎教}\} - \{P_{学前教育}\} - \{P_{九年义务教育}\} - \{P_{普通高中教育}\} - \{P_{普通高校教育}\}$$

2. 我国继续教育的发展现状

1979 年,我国第一次派代表赴墨西哥参加世界继续工程教育大会,同时引进了继续教育这一概念,自此,继续教育得到了政府的极大重视,1984 年,继续工程教育协会成立,1987 年,国家教委、国家科学技术委员会等六部委联合颁布了《关于开展大学后继续教育的暂行规定》,与此同时,继续续工程教育协会成立后,职工教育研究会、继续教育委员会、继续工程教育联合体等一系列协会与学会也相继成立,并由此推动了继续教育在我国的持续发展。

表 1　2000—2007 年全国接受继续教育毕业人数　　　　单位:万人

	2000 年	2001 年	2002 年	2003 年	2004 年	2005 年	2006 年	2007 年
继续教育毕业人数	10138.31	9942.47	8833.90	6677.47	7275.75	7117.26	6874.42	6810.82
其中:电大系统毕业人数	155.07	133.11	161.65	87.59	101.53	102.27	107.15	105.13

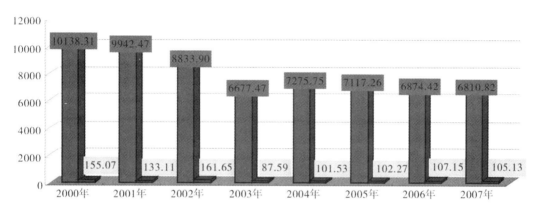

图 3　2000—2007 年全国接受继续教育毕业人数

3. 世界其他国家继续教育的发展现状

首先还是让我们将我国的继续教育发展状况与世界其他国家如美国、英国、澳大利亚、德国、日本等国家继续教育或职业技术培训的情况做一对比分析:

表 2　2000—2007 年我国与美国、英国等国家接受继续教育培训人数　　　单位:万人次

	美国		英国		澳大利亚		德国		日本		中国	
	参加继续教育人数	占全国人口比%	参加继续教育人数	占全国人口比%	参加继续教育人数	占全国人口比%	参加继续教育人数	占全国人口比%	参加继续教育人数	占全国人口比%	参加继续教育人数	占全国人口比%
2000 年	13454	48	892.7	15	430.3	24	3707	45	3556	28	10138	8
2001 年	15622	63	1059	18	506.4	26	4287	52	7496	41	9942	8
2002 年	17457	63	1541	24	591.6	30	4539	55	8046	63	8834	7
2003 年	11345	45	2283	38	672	32	4952	60	8536	67	6677	5

续表

	美国		英国		澳大利亚		德国		日本		中国	
	参加继续教育人数	占全国人口比%	参加继续教育人数	占全国人口比%	参加继续教育人数	占全国人口比%	参加继续教育人数	占全国人口比%	参加继续教育人数	占全国人口比%	参加继续教育人数	占全国人口比%
2004 年	14353	51	2469	44	780	39	5363	65	4728	37	7276	6
2005 年	18358	62	3070	51	882.3	43	5771	70	4480	35	7117	5
2006 年	13445	44	3212	53	971.9	47	5936	72	4088	32	6874	5
2007 年	15000	49	3343	55	1095	52	6165	75	5110	40	6810	5

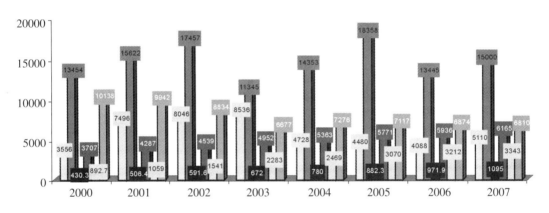

图 4 世界主要国家 2000—2007 年继续教育发展概况

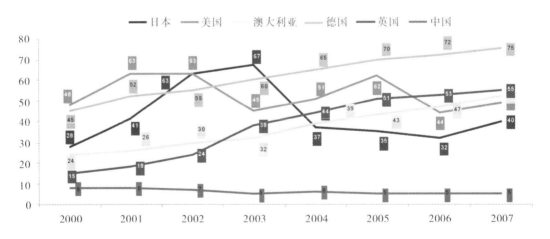

图 5 世界主要国家 2000—2007 年继续教育培训人数占全国人口比例

4.我国与世界其他国家继续教育发展状况的对比分析

党的十七大政府工作报告中指出,"坚持教育优先发展,建设人力资源强国""办好人民满意的教育",是我国社会主义现代化建设的一个战略方针;是全面建设小康社会的客观需要,是我们党一以贯之、与时俱进的基本思路,是我们党教育方针的核心内容。许多国家也把发展教育作为占据国际竞争有利位置的基本国策。大力发展远程教育、继续教育,构建终身教育体系和学习型社会,以人力资源建设为核心,以培养高层次创新型专业技术人才为重点,以知识更新工程为龙头,以方式创新为手段,不仅对深入学习实践科学发展观具有深刻的现实意义,而且还对加快推进我国从人力资源大国向人力资源强国的转变,提高全民族的整体能力和素质具有深刻、长远的历史意义。

纵观从2000年至2007年我国与世界其他国家继续教育培训的人数以及参加继续教育培训人数所占该国家全部人口的比例的对比分析,我国参加继续教育培训的人数虽然不是最少的,但与其他国家相比,我国继续教育培训人数所占全国人口的比例是最少的。原因在于:我国的继续教育起步滞后与美国、日本、德国等国家,对继续教育的领会以及重视程度落后于其他国家,在教育中与其他国家相比还存在着不合理的现象,人民大众自愿接受继续教育培训的思维意识和普及程度与其他国家相比还存在着一定的差距,等等。如何根据我国的实际国情,发展和完善我国的继续教育,构建终身教育体系和学习型社会? 我们认为可以从以下几点入手。

第一,继续教育要法制化。我们要虚心借鉴其他国家的先进经验,要把继续教育、终身教育纳入教育法中。德国早在1896年就颁布了《强迫职业补习教育法》,19世纪60年代,美国政府颁布了《职业培训合作法》。将继续教育、终身教育通过法律的形式确定下来,使继续教育、终身教育制度化、法制化,是加速发展继续教育、构建终身教育体系和学习型社会的根本保障。

第二,继续教育与其他教育模式综合化。根据我国的具体国情,首先要建立一整套科学、严谨、合理、规范的教育体系,杜绝或者尽量避免出现在教育教学模式过程中的交叉现象,使继续教育与其他教育模式相互沟通、相互渗透、取长补短,并且要延长九年义务教育的年限(日本目前义务教育为十二年),在全国各地普及、延长义务教育,提高整个民族的文化素质和修养,能够为将来接受继续教育创造充分必要条件;

第三,继续教育的普及化。我们要充分利用现代化的教育技术手段,提高继续教育的认知度和普及度,使继续教育在全国各地均衡发展。

第四,继续教育终身化。社会的进步,科学技术的发展,要求人们不断地更新自己的知识结构,以适应现代化社会发展的需要,同时也要求继续教育时时为社会培训复合型技能人才,实现继续教育的终身化。

第五,建设互动的国际化继续教育网络。经济全球化的信息社会,导致了劳动力市场的国际化分工与合作,建立国际化的继续教育合作网络运行机制,对发展国际的、洲际的、区域的、多边的继续教育合作与普及将起到积极的推动作用。

继续教育的普及与发展,为人们提供了更新知识结构的机遇和场所,为人们提高专业技能及综合素质创造了充分必要条件,同时也为社会培养了各种专业技能的复合型人才型,因此,继续教育的发展与普及是构建终身教育体系和学习型社会的桥梁。

三、继续教育质量的保障是构建终身教育体系的基石

十年树木,百年树人。随着社会的发展,人们生活水平的不断提高,人们由过去只求解决生活中的温饱问题,到现在不仅要解决生活中的温饱问题,更注重追求生活的质量。教育这一客观存在的现实也是如此,教育质量的成败始终关系着国家的兴衰。教育质量是一个永恒的主题,更是衡量我们完成各项工作的客观标准。如果说继续教育的发展与普及是通往终身教育体系和学习型社会的必经之路,那么继续教育质量的保障是实现终身教育体系和学习型社会的根本保证。如何保障继续教育的质量呢?

1."激活"学校管理,摆脱普教模式

在规范教育体系结构的前提下,继续教育部门一定要把握好市场的发展机遇,明确奋斗目标和发展方向,选择好继续教育的切入点,"激活"管理机制,有的放矢,不断超越、不断开拓、不断创新,形成继续教育健康发展的良性循环。

2.建立健全继续教育教学管理机制

为适应社会发展的需求,继续教育要建立健全定向、订单、委培式培训模式,为企业、社会培养复合型专业技能人才。

第一,要建立一支既精通理论,又具有相当丰富的实践经验的"双师"型教师队伍,保障继续教育的教学质量。

第二,要针对继续教育培训模式的教学特点,制订培训教学计划、教学大纲,并采用针对性极强的培训教材,使培训人员学有所用。

第三,在培训教学过程中,培训教师应遵循"计划—实施—反馈—评价"教学规律,启发、引导学生掌握学习方法,学会创造,实际操作能力的培养要贯穿整个教学过程,培训教师传授的知识必须是学生所需的,学生所学的理论因学以致用而牢固,又在实践中因学以致用而发现不足,这强化了学习的主动性和针对性,理论与实践能够有机结合。

第四,要建立健全适应继续教育培训模式的考核机制,注重理论与实践的有机结合,在一定程度上更要强调实践能力的考核。

　　第五,要建立一支既熟悉教学规律,又具有勇于奉献精神的继续教育管理队伍,转变思想观念,提高服务意识和管理水平,立足一切为了学习者,为了学习者的一切这一理念。

3. 要按照社会发展需求调整继续教育人才培养模式

　　第一,要借鉴世界其他国家继续教育的先进经验,根据我国社会经济发展的需求,在实施继续教育过程中,科学制订培训教学体系。

　　第二,充分利用现代化教育技术资源,开拓远程继续教育支持服务以及计算机网络环境下的"虚拟"继续教育支持服务,为社会培养更多的专业技能人才。

四、结束语

　　作为一种教育思想,终身教育古已有之。我国古代思想家、教育家孔子说:"吾十有五而志于学,三十而立,四十而不惑……"庄子也曾说过:"吾生有涯,学也无涯。"我国古谚"活到老,学到老"更是终身教育思想的体现。我国目前正处在完善社会主义市场经济体制改革时期,面对 21 世纪的挑战,加快发展我国远程教育、继续教育已写在我国的政府报告中,继续教育已成为我国教育发展的重要组成,这是社会发展的必然趋势,也是教育事业发展的必然结果。因此,加快发展继续教育是建立和完善终身教育体系的重要途径。

本文参考文献

[1] 苌庆辉,申卫. 灵活学习:澳大利亚职业教育与培训应对信息经济的策略[J]. 世界教育信息,2005,(11):42 - 44.

[2] 顾明远. 教育大辞典[M]. 上海:上海教育出版社,1991.

[3] 国家教委、国家科委、国家经委、劳动人事部、财政部和中国科协等联合发布《关于开展大学后继续教育的暂行规定》的通知,1987 年 12 月 15 日。

[4] 黄日强,邓志军. 英国的远程职业教育[J]. 职业教育研究,2004,(3):79 - 80.

[5] 宋述强,王小明. 欧洲国家继续教育、职业教育的现状综述及对我们的启示,2005,(6):60 - 62. [6] 张伟远. 关于终身学习社会中继续教育对象的重新思考,第五届成人教育与社会发展国际研讨会,澳门,2006 年 8 月 1—3 日。

[7] 张伟远. 在知识经济时代中建构终身学习体系:远程学习的优势及作用,载:梁文慧主编:《成人教育及终身学习(论丛第一集)》,305 - 314,2005.

[8] 中国教育年鉴编辑部《中国教育年鉴,2000—2007》[M]. 北京:人民教育出版社,2008.

[9] 中华人民共和国教育部.《2003—2007 年教育振兴行动计划》学习辅导读本[M]. 北京:教育科学出版社,2004.

附录七 探索校企深层合作是加快发展
继续教育的必然趋势

谭金生 刘澎

摘要: 本文通过从"校企联合"办学体现继续教育的内涵与特点。"校企联合"办学是校、企双赢的最佳模式。本文从拓展内涵,注重效果,深化校企合作等方面进行了全面、系统的论证,从而得出:广泛调研、科学规划是实施"校企联合"办学的前提,相互信任、精诚合作是实施"校企联合"办学的基础,求新求先,保证质量是实施"校企联合"办学的根本,明晰责权、措施到位是实施"校企联合"办学的保障。因此,探索校企深层合作不仅是为企业培育高技能人才的摇篮,更是加快发展继续教育、构建终身教育体系和学习型社会的有效途径。

关键词: "校企合作"办学,继续教育,教学资源,培训项目

近年来,随着我国经济和科技的快速发展,技术工人短缺,特别是高技能人才出现了严重匮乏的现象,这已经成为阻碍我国经济持续增长和提高企业竞争力的瓶颈。2003 年时任总理温家宝在中央人才工作会议上,明确了高技能人才的战略地位,国家就技能人才的培养做出了一系列的部署,坚持以培训为导向,以服务为宗旨的办学方针,以加快培养高质量的技术人才为学校的主要职责,积极探索和实践校企合作培养高技能人才的模式,取得较好的成果。

校企合作教育是一种以市场和社会就业需求为导向的运行机制,是学校和企业双方共同参与人才培养过程的教学模式。高校在开展继续教育方面有其独特的现实条件和

作者简介:

谭金生,男,1963 年 12 月,高级工程师,天津广播电视大学继续教育学院副院长,主要从事学历教育与非学历教育的研究

刘澎,男,1971 年 7 月,助理研究员,天津广播电视大学继续教育学院副院长,主要从事学历教育与非学历教育的研究

自身优势,其集教学、科研、产业于一身,是开展继续教育的主力军,是培养高层次、高水平、高新技术复合型人才、实用型人才的重要基地。企业作为科技人才、管理人才的主要积聚地,必然成为开展继续教育的主阵地。提高培育当前市场经济发展对人才高素质的需求,是目前继续教育的当务之急,切实开展校企合作,做到"教、学、做结合;口、脑、手并用",建立校企之间良好有效的合作机制,既是国际继续教育发展的成功经验,也是实现在继续教育中突出技能培养目标,破解各项难题的一剂良方,是继续教育可持续发展的必然趋势。

一、"校企联合"办学,体现继续教育的内涵与特点

"校企联合"办学是指高校和企业联合,根据企业的发展目标与规划以及人力资源管理与开发的要求,依托高校师资、设备等资源,共同规划、设计、培养企业员工实施的继续教育,在企业与学校之间架起教育、科研、信息公路。"校企联合"办学的目的,就是要充分利用高等学校知识密集、技术领先、设备先进的优势,直接与公司企业联合,按需培养公司企业员工。通过此途径,使高校科研成果、新的科学技术尽快地转化为生产力,实现产、学、研互动,企业与学校双赢。高等学校开展的继续教育是利用高校的教育资源,以灵活开放的运行机制,有效整合高校各种教育培训资源,形成一个兼收并蓄的优质教育资源共享平台。在培训方式上其体现了灵活多样、不拘一格的特点,有脱产、半脱产、业余等形式;还有长期与短期相结合;既有集中面授,又有自学,还有利用卫星、多媒体、计算机网络开展的远程继续教育培训,在办学模式上,主要分为四种类型:

1. 多层次的学历型

开展本、专科成人高等学历教育和工程硕士班。成人高等学历教育是以理论学习和实践能力培养并重的教育。通过成人高等学历教育,既增强了企业职工的业务素质,也提升了企业人员的整体素质和知识水平,为企业的发展提供了良好的人才基础和智力支持,同时也满足了在竞争激烈的市场环境中企业对高学历、高技术人才的需求。

2. 专题型

根据企业生产、经营、管理等方面的实际需求,或某些技术问题,确定某一专题,委托学校专家进行调研、分析、有针对性地开展讲座、论坛。

3. 培训型

根据企业生产的实际需求,按岗位不同开展系统性的业务技能培训。

4.研修型

根据企业生产的实际需求,配合案例分析、实战模拟等方式,开展系统性的研讨。

以上各类办学模式均具有如下特点:

第一,教育对象的整体性:接受继续教育的对象来源于某一企业,可谓订单式培训。

第二,学习目标的统一性:根据企业的需求和员工的学历、岗位来确定培训对象。

第三,培训内容的针对性:培训内容明确并符合企业实际需求。

第四,时空的可选性:培训时间、地点可由校、企双方根据实际情况商定。

第五,管理的严密性:校企双方可制定相应的培训制度、纪律以及激励措施。

第六,利益的双赢性:企业批量地享受高校的教育资源,投入少、见效快;高校一次投入,批量加工,社会效益、经济效益双丰收。

二、"校企联合"办学是校、企双赢的最佳模式

全面实施人才强国战略,加速我国由人口大国向人力资源强国的转变,人才是关键。继续教育则是培养与塑造高素质人才、促进个体全面发展的重要手段,是提高企业劳动者整体素质的有效途径。科技进步和创新的加速,要求提高劳动者的素质,大规模地培养各类人才,为劳动者提供各种层次、各种类型的不间断的学习培训这些都必须由继续教育来完成。依靠大学深厚的文化积淀与底蕴,对接受教育者进行技能培养和专业知识讲授,同时注重对他们进行思想道德教育,以提高他们的技能水平、专业知识水平和职业道德,从而使他们更好地适应社会经济发展的需要,为社会发展和经济建设服务。高校在发展继续教育过程中,不仅可以在社会上创建具有良好声誉的继续教育培训品牌,成为人才输出的重要途径,同时也可向社会展示高校形象。

1.继续教育是企业追求效益最大化的不竭动力

追求效益最大化是企业的根本目标,为了实现这一根本目标,企业必须在激烈的市场竞争中立于不败之地。面对知识经济时代,企业越来越清醒地意识到企业的生存与发展绝不在于引进先进设备和生产线,而在于人才不断提升的创新能力和团队精神、挖掘内在潜能并掌握新技术。因此,人才就成为竞争的主要核心,加强继续教育已成为企业的共识。现代科学技术的普及和产业结构的全面调整、用人制度的改革,都显示出对人才资源的迫切需求。因此,接受继续教育将逐步成为企业的主动行为,成为企业追求效益最大化的不竭动力。

2."校企联合"办学是企业实施继续教育的必然选择

企业实施继续教育依靠内部和外部两种教育资源。就内部而言,主要依靠企业继续教育职能部门,如企业职工培训中心整合本企业的教育资源来具体实施。但由于企业内部教育资源是低层次的和分散的,高层次的或是系统性的继续教育只能依赖于高校教育资源来实现。因此,"校企联合"办学自然成为企业实施继续教育的必然选择。

3."校企联合"办学是高校发展继续教育的主要途径

继续教育肩负着建设学习型社会、构建终身教育体系的重任。大力开展继续教育是高校义不容辞的责任和义务。我国尚未建立健全统一的继续教育制度,也没有将继续教育工作纳入法制轨道。因此,高校面向社会开放性地开展继续教育活动难度较大。不过,值得欣慰的是,为数不少的企业负责人非常重视继续教育工作,但由于内部教育资源的缺乏,开展继续教育力不从心,显然,"校企联合"办学就成为高校发展继续教育事业的主要途径。

三、实施"校企联合"办学的有效措施

我们通过与中国大冢制药有限公司合作办学,开拓继续教育市场,取得良好的社会效益和经济效益,特别是在与企业联合开展继续教育方面迈出了坚实的第一步,同时也为我们与不同行业、不同层次的企业开展"校企联合"继续教育培训积累了一定经验,从而使我们形成了实施"校企联合"办学的新理念。实践证明,实施"校企联合"办学,必须注意把握好几个关键要素。

首先确定实施"校企联合"培训的工作流程:

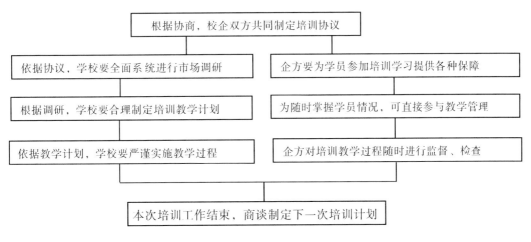

图1　"校企联合"培训工作流程

1.广泛调研、科学规划是实施"校企联合"办学的前提

企业应结合自身的发展战略规划,在彻底摸清本企业生产、经营、管理人员的年龄、学历、知识结构、岗位技术要求的基础上,制定出长期的继续教育方案,以此为依据选择若干高校备选作为合作伙伴;高校则应根据企业提出的继续教育方案深入调研、整合资源,制定实施方案(包括项目设计、课程设置、遴选师资、选定教材及预期效果)供企业论证、选择。

2.相互信任、精诚合作是实施"校企联合"办学的基础

合作首先必须以信任为前提,以诚信为根本。合作过程中双方以协议为依据,双方相互恪守各自职责。在整个合作过程中,以双方既定的规则执行,若在实施过程中,需调整方案则应友好协商,达成共识,确保双方互惠互利。

3.求新求先,保证质量是实施"校企联合"办学的根本

校企双方在选题和内容设计上要体现:以学员为本,建立多层次、多环节、个性化的培训方案。做到理论先进、观点新,内容先进、教法新,以保证接受继续教育者以新思想、新理念去掌握新技术、新工艺、新方法。为学员提供优秀的学习、交流服务平台,为企业建立一个增值型持续学习服务体系,从而避免为了继续教育而受教育,达到继续教育后真正继续提高、持续创新的目的。

学校实施培训教学过程流程:

根据培训教学工作流程以及中国大冢有限公司的实际情况,针对该企业的员工大部分都是非机—电一体化专业毕业的中专或大专学员,他们基础差、参次不齐等特点,我们制定了专门的教学计划、教学大纲以及针对性非常强的培训教材。

培训教学目标是:使所有培训员工都能掌握一定的机—电一体化专业的理论系统知识,并通过学习,不仅能够判断出工作中机械方面故障的原因,而且还能亲自排除一些简单的机械故障,确保企业生产的正常进行,把企业的损失降低到最小,促进企业的良性循环发展。

在培训教学实施过程中,我们抓住典型,以点带面,遵循:

第一,培训教学不同于学历教育,培训教学计划不是一成不变的,是随着社会技术的发展、企业单位不同时期具有不同需求的变化而随时调整改变培训教学计划。

第二,选用培训教材要具有极强的针对性,如果没有合适的培训教材,我们将根据任课教师提供的培训教案统一印刷培训教材以及辅导教材。

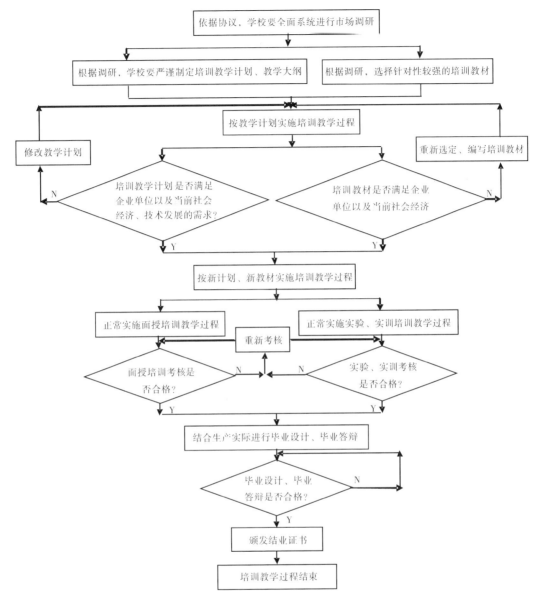

图2　培训教学过程流程

第三,聘选普通高校在理论教学方面具有很高的造诣,而且具有相当丰富的实践教学经验的教师担任课程教学,确保学历培训的教学质量。

第四,在培训教学过程中,要注重理论与实践相结合,加大实践教学的课时比例,提高学员分析问题解决问题的综合实践能力。

第五,加强全方位管理,使学员通过学历培训,体会学有所得,学以致用,真正提高自身能力。

第六,转变服务意识,提高服务水平,为学员提供一切学习条件和学习资源,一切为了学习者,为了学习者的一切是我们永恒不变的宗旨。

通过学历培训,使我们对在当今社会继续教育发展环境下,探索校企合作培训之路得到了尝试,积累了培训教学的经验,从而,也使我们深刻体会和领悟了建百年企业的艰辛。

4.明晰责权、措施到位是实施"校企联合"办学的保障

由于是双方合作,目标虽然一致,但权责应分明。因而合作之初就必须协议规定双方责权,订立合同,共同遵守,确保合作愉快。为使合作成功,制定必要的、有效的措施和相关制度显得尤为重要。如企业可以制定职工参加继续教育的激励措施(如:作为晋级、晋升的必要条件等),高校可以制定授课教师教学质量的评价体系等。这对于顺利实施"校企联合"办学将起到重要的保障作用。

四、拓展内涵,注重效果,深化校企合作

校企合作深入发展,必须注重拓展内涵,建立以岗位技能培训、提高综合素质为中心的教学体系,强化四个"共同",实现三个"零距离",同时,还需进一步重视教学改革,推动四个"创新"。

(一)四个"共同"

第一,校企共同研究培养高技能人才课程体系。

第二,共同研究开发高技能人才培养培训教材。

第三,共同选派培养高技能人才的双师型师资。

第四,共同实施高技能人才培养培训教学计划。

(二)三个"零距离"

第一,逐步实现专业课程设置与生产岗位实际需求的零距离。

第二,逐步实现理论教学过程与实验、实训教学过程的零距离。

第三,实现教学内容与培训目标的零距离。

(三)四个"创新"

第一,推动课程改革创新。学校要密切关注相关专业领域最新技术发展,及时调整

课程设置和教学内容,突出本专业领域的新知识、新技术、新工艺和新方法。积极推进一体化教学,把教学活动与生产、社会服务、技术推广和技术开发紧密结合,使理论和实践实现真正统一。

第二,推动教学模式和方法的创新。充分利用现代远程教育技术手段,积极推行远程计算机网络培训和网络'虚拟'实验、实训教学的试点,体现以学生为中心、因材施教、能力为本的教学理念,建立以培养高技能技术人才和提高学生技能水平为主要目标的新型教学模式与方法,不断提高教学效果和教学质量。

第三,推动制度建设创新。学校可以根据实际情况,实行灵活的学籍管理和教学管理制度,实行分层教学、分专业方向教学和分阶段教学,根据企业需要及时调整教学计划,更新教学内容,最大限度地满足企业对技能型人才的需求。

第四,推动教师教学评价体系创新。学校要构建教师的教学业绩和实践能力的评价体系,注重教学与生产实际相结合,提高校企合作培养高技能技术人才的针对性和有效性。

五、结束语

"校企联合"办学,打破了学校与企业之间各成体系、独家所有、封闭办学的传统做法,做到了资源共享,优势互补,有效地提高了自身效益和效率,既激活了企业的研究开发活力,也增强了企业的技术创新能力,同时又充分发挥了高校师资雄厚、办学条件精良与人才培养的优势,有力地形成了产学研一体化的继续教育。实践证明,"校企联合"办学不仅是促进校企双赢的最佳模式,也是为企业培育高技能人才的摇篮,更是发展继续教育、构建终身教育体系和学习型社会的有效途径。

本文参考文献

[1]丁妙珍.《高职教育产学研合作的运行机制探析》.《职业教育研究》2006年第5期.

[2]刘翔.《对我国当前继续教育的几点思考》[J].继续教育,2005(1)53.

[3]魏延斌.《发挥培训作用提高企业竞争力》[J].继续教育,2006(2)55.[4]袁翔.《高等学校发展继续教育的战略思考》[J].继续教育,2005(11)34.

[5]曾令奇.《合作教育运行机制初探》.《中国高教研究》2005年第3期

[6]张炼.《产学研合作教育的理论问题及在我国的实践》.《职业技术教育》(教科版)2002年第34期.

后　记

　　高技能人才是经济建设和企业发展的紧缺资源,是人才队伍的重要组成部分,高技能人才队伍的建设关系到整个天津市经济社会的发展。尤其是在天津建设创新型城市和产业创新中心的背景下,高技能人才更成为推动城市发展的主力军,因此加强高技能人才队伍建设变得尤为重要。近些年,天津市政府不断加大工作力度,健全政策体系,完善工作措施,扩大队伍规模,优化人才结构。但随着产业升级改造步伐的不断加快,高技能人才培养的数量、质量、结构都无法满足市场的需求,出现了高技能人才数量短缺、质量不高、结构不合理等问题,为此天津市政府一直致力于加强高技能人才队伍建设,但由于高技能人才成长周期较长,随着越来越多的老技术工人的退休,产业将面临高技能人才断层的问题,如何解决这一问题仍然有待进一步研究。总之,高技能人才培养是一项复杂但意义重大的工程,由于有些数据收集较为困难,如天津市高技能人才的年龄结构、性别结构、学历结构、收入结构等,因此本书就现有的数据资料进行分析,对高技能人才的现状总结无法做到面面俱到,在分析和论证时难免存在问题,请各位读者批评指正。